方与圆的智慧课

的

智慧课

三月楚歌 著

文匯出版社

图书在版编目 (CIP) 数据

方与圆的智慧课 / 三月楚歌著 . — 上海：文汇出版社 , 2019.8
ISBN 978-7-5496-2947-3

Ⅰ . ①方… Ⅱ . ①三… Ⅲ . ①成功心理－通俗读物
Ⅳ . ① B848.4-49

中国版本图书馆 CIP 数据核字 (2019) 第 163962 号

方与圆的智慧课

| 著　　者 / 三月楚歌 |
| 责任编辑 / 戴　铮 |
| 装帧设计 / 末末美书 |

出版发行 / **文匯**出版社
　　　　　上海市威海路 755 号
　　　　　（邮政编码：200041）

经　　销 / 全国新华书店
印　　制 / 三河市龙林印务有限公司
版　　次 / 2019 年 8 月第 1 版
印　　次 / 2019 年 8 月第 1 次印刷
开　　本 / 880×1230　1/32
字　　数 / 148 千字
印　　张 / 6.5

书　　号 / ISBN 978-7-5496-2947-3
定　　价 / 36.00 元

自 序

　　很早以前我就听过这个故事：一家梳子公司给推销员出了一道难题：现在有一个任务，要把梳子推销给和尚，你会怎么做？其中一名推销员跟一家寺院的住持商议后，在梳子上雕刻"升官""发财"等字，然后把它们卖给前来烧香拜佛的香客。就这样，这名推销员完成了任务。

　　这个故事流传很广，我记得上大学时有的教授还在课堂上讲过它。现在看来，这只是一碗毒鸡汤罢了。前段时间，马云在演讲中说，如果一名培训老师在他的公司讲这个故事，他会马上辞退这个人——把梳子推销给和尚，这不是没事找事吗？

　　没错，如果十年前让我来回答这个问题，可能我会想方设法地说服和尚买梳子——他们虽然没有头发，谁说他们就一定不会买梳子呢？但是，现在我不会回答这样的问题了，因为把看似不可能的事情变成可能的确很励志，但不具备普遍性。

把梳子推销给和尚需要天时地利人和，这是可遇不可求的，也是吃力不讨好的，甚至会事倍功半。所以，这样的事情对普通人来说毫无意义。

作为一个生意人，我绝对不会为了那些远在天边的潜在客户花费太多的时间，只要把眼前能够得着的客户伺候好，生意就算成功了。所以，与其绞尽脑汁地给和尚去推销梳子，不如多花点心思在梳子的产品研发和有效客户的拓展与维护上。

人生的很多道理，很可能听起来觉得热血澎湃，实则前提就错了。

人生的智慧就像方圆之道，圆有圆的道理，方有方的妙处。关键不在于方与圆，而在于是否适合我们以及我们所处的环境。回到最初说的那个故事，虽然把梳子推销给和尚有成功的可能性，但这还不至于让我们花费更多的时间与精力去做——哪怕最后成功了，也会得不偿失。但这个问题，如果在面试或者考试的时候，却可能不得不想方设法完成回答，因为这是游戏规则。

我们需要适应规则，但在大是大非上，必然要遵从内心才能做出最好的抉择。

关于奋斗，我也持这个态度。不要去假设那些太过缥缈、太有挑战性的事情，真正成功的推销员从来都不是把梳子推销给和尚的人，而是推销给更多的需要梳子的人。

成功的要义不是把很难的事情做到了，而是把简单的事情做到了极致。把很难的事情做到了，可能只是为了挑战其中的乐趣；把简单的事情做到极致了，那才叫事业。

我从来不鼓励别人去挑战不可能完成的事，相反，我喜欢从最简单的事开始做起。这是因为，再不起眼的小事只要做到了极致，就是成功。因此，不要小看把简单的事做到极致的人。

一瓶辣酱做到了极致，就是老干妈；一个英语培训班做到了极致，就是新东方。做任何事情都没有尽头，因为不管什么事情从来没有大小之分，你做得越精细，对它的了解就会越深入。

不管是在工作中还是生活中，真正实现了梦想的人，都是那些把小事当作奋斗目标的人。所以，你不要总是好高骛远，想着去实现那些不切实际的理想、不可能完成的挑战，而应把心思放在现实中的每一件小事上，并力求做到精益求精。

愿每一天都是你追求梦想的过程，愿你所迈出的每一步都是有效积累。因为我始终相信，把梳子推销给和尚的人一定不是最成功的商人，而最成功的商人一定会把更多的时间花费在制作更好的梳子、维护更多的已知客户上。

天地方圆，顺逆自处。拜伦说："愿你灵魂柔顺，却永不妥协。"我喜欢这样的态度，这也是写作这本书的小目标。愿你心中有目标、脚踏实地过好每一天，做自己力所能及的事。心存善念，而不失原则；不掩锋芒，不失谦卑；不好高骛远，却心怀远方。请相信，幸福的人生从来都不是苦尽甘来，而是水到渠成。

目　录
Contents

第 一 辑
外方内圆的处世哲学，有度有量

第二辑
请你撕掉善良的标签

第 三 辑
过犹不及，要学会适可而止

第 一 辑

外方内圆的处世哲学，有度有量

　　我不要千篇一律的生活，不过没有期待的日子，更不要成为玻璃缸中等死的乌龟——站在生命的这头，一眼就能望到那头。

　　我要努力，我要奋斗，我要让未来充满无数的可能——就算你能猜出我的结果，也一定猜不出过程。

1. 外方内圆的处世哲学，有度有量

> 天赋是水到渠成的，它离我们很远，你必须
> 非常非常努力才有机会触碰到它。

（1）

朋友戴俊的儿子上小学六年级了，他的英语成绩特别糟糕。为了能让儿子考上一所好中学，戴俊煞费苦心，给他请了好几名家教，希望他能在最关键的时刻冲一冲。

但小朋友对英语没有半点兴趣，每次爸爸问他感觉如何，他都摇着脑袋说："英语太无聊了，我不想学。"

戴俊循循善诱地说："很多事情不是非得有兴趣了才去学，只要它对你有用，你就必须学。"

小朋友则一脸不耐烦地说："爸爸，不管学什么都是需要天赋的，我没有那种天赋。"

戴俊说，当时听到这句话，他就想狠狠地揍儿子一顿。看着儿子一副死猪不怕开水烫的模样，他气得火冒三丈：

"学英语需要什么天赋？"

在戴俊看来，学英语根本不需要天赋，因为这只是人类基本的语言，基本的交流工具之一——就像吃饭、喝水、走路、睡觉一样，只要是生活的必需，身体力行地去学习就没有学不会的道理。

当然，如果上升到语言艺术的层面，比如进行演讲、朗诵、写作等，或许需要天赋；如果只是要求达到基本的交流层面，这与天赋一点关系都没有。这就好比，成为田径运动员肯定需要天赋，但学会基本的跑步动作则不需要。

戴俊的话特别触动我。长期以来，我不想学这不想学那，总觉得自己缺乏天赋，但说到底，我缺乏的是态度。英语对我来说很难，但如果我一天背一句交际用语，试着努力三四年，应该可以做到简单的交流了。

所以说，这与天赋无关，就看你能否端正自己的态度。你想拥有好身材，也知道坚持锻炼的重要性——但你还是个胖子，你能说这是命定的事吗？

生活中 99% 的技能都与天赋无关，你做得好不好，就看你够不够用心。

（2）

前同事孟赫就是一个鲜活的例子：那段时间公司缺人

手，老板就让他写一篇娱乐新闻的稿件。他写不出来，叫苦不迭。两天过去了，他心知无法逃避，只好硬着头皮随意写了一篇交上去。

老板看后非常失望，敲着办公桌训斥道："我让你写娱乐新闻的稿件，你怎么写得没有一点娱乐性？"

孟赫听了，满脸的委屈，离开老板的办公室后抱怨道："我也想写好，可我根本就不是段子手！"

你的确不是段子手，可是，那些娱乐大咖也不是为搞笑而生的！

事后，老板把孟赫的那篇文章作为反面范例发给我们阅览，说要杜绝类似情况，以后绝不能再出现错字连篇、缺乏逻辑、文不对题的文章。可见，孟赫不是没有天赋，而是在敷衍塞责。

敷衍塞责并不是小事，它可能会慢慢形成一个人的行为习惯，就像拖延症一样，这永远是最可怕的妥协。当遇到问题时，你首先不会去想如何解决问题，而是琢磨着怎样才能糊弄过去——一旦形成这样的思维习惯，那就意味着你将止步不前。

当你习惯性地应付差事以后，你就不会再多出一分力；你认为勉强过得去就行了，你就不会再多花一点时间去深入钻研。这样，你的工作态度不再是精益求精、孜孜不倦，而是得过且过的低水平重复，就像一台被设定好程序的机器，日复一日地应付着自己的人生。

（3）

任何一个能站在相关领域巅峰的人，我相信他都需要天赋。但是，天赋并不是我们可以随意断定自己有或者没有的——任何一种天赋，都是靠自己一点一滴的努力慢慢积累出来的。

对大多数人而言，我们可能一辈子也无法站到相关领域的巅峰，像马云之于商业、巴菲特之于股票、莫言之于文学、张艺谋之于电影，但我们可以用兢兢业业的工作态度赢得大家的尊重，用优秀的成绩赢得大家的认可，达到自己人生的巅峰。

想一下我们身边那些做到最好的人，他们从来都不是因为天赋高，而是因为态度端正。

一位从事摄影工作的朋友经常对他的学徒这样说："要成为一名杰出的摄影师，可能不需要天赋，你只需要熟悉相机的功能，掌握基本的摄影技巧，多用心、多付出就可以了。但是，如果你想成为一名伟大的摄影师，那要看造化，不关我的事。"

学习基本的摄影技术，只要是具备正常智力水平的人都能够做到，与天赋毫无关系。如果存在差别的话，也只是有的人学得快一些，有的人学得慢一些，但最终大家都是能够学会的。

一个态度端正的人，应该努力做好自己力所能及的一切，过好每一天。

天赋是水到渠成的，它离我们很远，你必须非常非常努力才有机会触碰到它。就像那些把前面漫长的路都走完了的人，就差最后一步可以登顶了。而我们很多人可能都没有走出第一步，却在说自己没有天赋。

这样，你不仅放弃了天赋，也浪费了生命。

很多工作做起来并不需要登峰造极，你拼的只是态度，看的只是细节。如果你有诚意，生活自有敬意；如果你没诚意，生活只会赏你一记响亮的耳光。

2. "圆" 不意味将就着过日子

> 我要努力，我要奋斗，我要让未来充满无数
> 的可能。

（1）

几天前参加了一次聚会，在座的人大都三十几岁，但他们居然讨论到了退休以后的生活。

原来，很多人的人生是可以预见的，他们的命运已然注定。不管你是否承认，如果按着生活的逻辑按部就班地走下去，大多数人的未来可能不会有太大的变数。

比如，一位在乡镇中学教书的朋友，如果她按照现在的状态继续生活下去，每天按时上下班完成既定的工作任务，无欲无求。每年迎来送往，二十年弹指一挥——他未来的生活，我闭上眼睛都可以想象得到。

不仅仅是那位老师，我们绝大多数人其实都是这样——生活顺理成章到会让人丧失斗志。

我常常观察身边那些比自己年长十几二十岁的人，我不止一次地怀疑他们的现在就是我的将来，而我的现在很有可能就是他们的过去。

我正在过着一种没有悬念的日子。

没有良知的人是冰冷的；没有惊喜的爱情是令人失望的；没有高潮的电影是无趣的；没有亮点的文章是枯燥的；而没有悬念的人生就像平坦的大道，是不值得走一趟的。

我讨厌被注定的命运，以及在可以预见的未来重复着过相同的日子，这是对生命的辜负。

（2）

侄女养有两只巴西龟，它们整天一动不动地待在玻璃缸里，无精打采地耷拉着脑袋。虽说它们的寿命可以长达35年，但是当被装进玻璃缸的那一天起，它们就意味着已经"死"了。因为，生命的意义不仅仅在于维持基本的身体机能，还在于迎接未知世界的挑战。

人类社会为什么会不断进步，从茹毛饮血、刀耕火种的原始社会发展到今天"可上九天揽月，可下五洋捉鳖"的科技盛世，关键在于人类的生命本质上是永无止境的探索和冒险。

每一个年轻个体的生命也应该是这样的：活着不仅仅

是为了维持基本的生命体征，以及期待明天的生活，更应该在有限的时间里去努力释放生命的能量，探索更多的可能性。

记得有人说过，很多人其实死于18岁，那时他们就已经停止呼吸了。

当然，18岁也许只是一个大概的说法。实际上，当一个人停止了跟生命较劲，停止了学习，停止了对未知世界的憧憬和探索，他的生命就算是停止了。他除了还能自由活动之外，与植物人并没有本质上的区别。

每个人的生命只有一次，不管这一生该怎样度过，我们都不能让自己提前死去。我害怕这样的生命状态——18岁的我，一眼望见了自己80岁时的情景。

我不知道自己的生命有多少能量可以燃烧，但我还是想试一试——在有限的生命里，我一定要让自己变得与众不同，而不是像那位教师朋友一样，在40岁的年纪就开始等着退休了。

（3）

我曾经不止一次地问自己：我如何才能让自己的生命过得没那么毫无悬念？

我注意到那些活得与众不同、丰富多彩的人，他们一般分为两种：

一种是因为生命的际遇和生活的变迁而被迫发生了改变，比如《中国合伙人》里的成东青，他因为被学校开除了又不想回老家，只愿留在北京，索性就办起了英语培训班。

另一种是不安于现状，主动想要改变命运的人。这样的人又可分为两种：一种是防守式的奋进者；另一种则是进攻式的冒险者。

汪瑾是我的一位前辈，他是个做事认真负责的人，表面上看起来平淡无奇。但是谁也没有想到，有一天他竟然捧回了国际摄影大赛的金奖！

其实，像他这样的人，在生活中比比皆是。很多写小说的、搞音乐的、做科研的，甚至走上"中国达人秀"舞台表演的人，都是在自己热爱的领域里或者平凡的工作岗位上默默耕耘，找到了穷其一生的乐趣。

他们走的路可能与我们走的方向并没有什么不同，但他们能走得更远。

相比之下，进攻式的冒险者则激进得多。他们原本过着没有悬念的生活，但有一天突然醒悟了，发现自己想要过的人生不是这样的，于是毅然地打破了现在安逸的生活，从那条平坦的大道上跳了出来，走了另一条路。

这是需要勇气的，因为他们突破了习以为常的生活方式，朝着另一个方向奋斗。

鲁迅和郭沫若弃医从文，后来都成了现代文学史上的传奇。沈从文也是这样。当年，一直生活在湘西的沈从文突然醒悟，觉得自己追求的不是安逸的人生，于是他毅然只身来到北京，一心想到大学里去读书。

姐姐和姐夫虽然没有给予他物质上的资助，但送给了他一句很受用的话："既为信仰而来，就要坚守信仰，因为除此外，你一无所有。"

后来的故事人们都知道了，沈从文不仅成了大学老师，更成了一代文豪。

这样的人有着非比寻常的自信和勇气，他们敢于跟过去说再见，开启一条全新的征程。他们彻底改变了自己本来的生活，走了另一条路，人生也因此变得不一样了。

（4）

虽然不是每个人都能像鲁迅、郭沫若、沈从文一样写出好文章，也并不是每个人都具有非凡的天赋，或者能在自己感兴趣的领域里创造出非凡的成就，但我们至少应该想方设法地让生命充满期待，再去改变、去奋进。

当我还是单身狗的时候，我尝试过不同的工作。其实，没有别的原因，我就是想找一份适合自己的工作，然后一辈子永无止境地为之奋斗。直到后来，我索性走出写字楼，走入市井卖猪肉，原因也在于此。

现在，我有了家庭，有了责任。我知道自己不能再像以前一样天马行空了，不能不顾生活的逻辑和惯性，调转方向去奋斗——我必须顾及生活的周全和家人的安心。

所以，现在我是一个防守式的奋进者。在保证当下生活和工作正常运转的情况下，我会努力去寻找其他的可能性，去寻找更好的机会，比如用业余时间去参加职业资格证的培训和考试。

当然，我也会花很多的时间和精力去从事自己所喜欢的写作，我不知道自己是不是有足够的天赋和才华，光靠写作就能让自己和家人生活得更好，但我知道自己正在努力地尝试。

我相信，不管最终的结果如何，这个期待一直会留到自己生命终结的那一天。

（5）

生命是宝贵的，我们应该更有意义地度过。不管你是选择防守式的奋进，还是进攻式的冒险，都不应该让自己早早地就成了玻璃缸中的乌龟——呼吸仅仅是为了活着。

追求有意义的人生也不仅是年轻人的事，它贯穿于每

一个生命的始终，可以发生在任何阶段。比如，褚时健 78
岁时开始种橙子创业，王顺德 79 岁时登上了 T 台走秀。

充满期待的生命是没有止境的，只要你不放弃探索，
它一定会带给你惊喜。

我不要千篇一律的生活，不过没有期待的日子，更不
要成为玻璃缸中等死的乌龟。我要努力，我要奋斗，我要
让未来充满无数的可能——就算你能猜出我的结果，也一
定猜不出过程。

3. 方圆有度，全力以赴并顺其自然

> 努力是可为的前提，我必须先抓住这个前提，
> 后面的事情才能顺其自然。

（1）

在奋斗这个问题上，有人主张全力以赴——只有用尽
全力，才能更接近成功；也有人主张顺其自然，认为一个
人能否做成一件事情光靠努力是不够的，还得把得失看淡

一些，这样的人生也会从容许多。

这两种观点分别代表了两种态度，但都不能代表我的态度。

最近我打算参加一场面试，去竞争一个未来三十年我可能都会为之奋斗的工作岗位。因为看得重，所以我早早就做好了准备。

妻子看我如此投入，担心我用力过度，最后大失所望会造成很大的反差，所以劝我说顺其自然就好，不是所有的事情靠努力就能做得到。

这个道理我懂，但我的理解与妻子不一样。很多事情虽然不是靠努力就可为，但一定是因为努力才可为的。

努力是可为的前提，我必须先抓住这个前提，后面的事情才能顺其自然。

（2）

人这一生总会遇到很多自己无能为力的事。

三年前，父亲检查出了癌症。那段时间，他过得特别痛苦，天天托人求医问药，转了几次院都没能遏制住病情的恶化。

看着父亲手上密密麻麻的针孔，我哽咽得说不出话来。那一刻，我方知什么叫无能为力，什么叫万念俱灰。

后来，父亲不肯再接受住院治疗，病魔摧残的不仅是他的身体，还有心志。

为了让父亲少受点痛苦，我拜访了很多中医。看着那些诊所墙壁上挂着的一面面锦旗——"妙手回春""大医精诚"，我心中五味杂陈，只盼医生能为父亲减轻些痛苦。

再后来，父亲长期服用中药，病情得到了控制，甚至有了康复的希望。只是没想到，他最终没有被癌症夺去生命，却因为突发脑溢血而撒手人寰。

在给父亲治病的过程中，他曾对我说过："这是病，也是命。我尽力配合你治，治好了最好；如果治不好，便认命吧。"父亲的这种态度陪他度过了最艰难的抗癌岁月，他既全力以赴，又坦然面对。

我们要全力以赴地去做好自己能做的事，而对于无能为力的事，就让它顺其自然吧。父亲虽然不幸离开了人世，但他的人生态度似乎让我在一夜之间活得更明白了。

（3）

人生最大的遗憾从来都不是无能为力，而是"我本来可以的"。

在"我本来可以的"前面，总会有很多的"如果"："如果我再努力一点的话""如果我没有离开的话"，等等。

　　既然后来有那么多的假设，当初为什么不把这些假设的事情都做一遍呢？如果当初你已经设想好了选择后的结果，不属于你的东西还是不会属于你，该离开你的人还是会离开你。

　　我想，这样你就不会充满遗憾了。

　　人活着，应该做两件事：一件是你要努力做自己能做的事；另一件是不要让你无法控制的事影响到自己。

　　做好第一件事，你才有机会得到自己想要的结果；做好第二件事，你才不会因此而徒增烦恼。当做好这两件事以后，你才会得之欣然，失之坦然。

　　我们身边总是有这样的人，他们想去竞争一个岗位，却没有努力去做自己力所能及的事，比如精心地做准备等。相反，他们总是被那些自己控制不了的事情所困扰，比如担心应聘路上发生堵车而迟到，害怕自己的某个动作让面试官讨厌。

　　我的朋友艾米丽就是这样的。

　　前段时间，艾米丽想去参加某医院的医疗器械采购竞标，但在准备的阶段，她没有想方设法地把相应的功课做足，反倒担心竞争对手会不会是关系户，自己就算再怎么努力也只是"为他人作嫁衣"。

　　我就想问：竞争对手是不是关系户关你什么事？如果

是，不管你担不担心它都存在，这是一个你无法左右的既成事实，这是你无法改变的。这就好比，你无法改变自己只有 1.65 米的身高，你无法改变自己有一个并不富裕的原生家庭，你无法改变自己只有一张普通的大学本科文凭。

这样的现实，你必须学会接受。但你可以努力让自己变得更优秀——你可以健身、练瑜伽，让自己拥有更好的身材和气质；你可以进修或深造，提升自己的学历；你还可以扩大自己的交际圈，建立起更加优质的人脉。

总之，你需要明白哪些事情是自己可以改变的，哪些是自己无能为力的。我们无法选择的，那就接受；我们可以改变的，那就全力以赴地去为之奋斗。

（4）

每一个渴望不凡的灵魂都应该全力以赴地变成最好的自己，而不是去抱怨生不逢时，抱怨没有足够的天赋。因为，这是你无法改变的既成事实，就像我们生活在这个地球上，哪怕你想遨游太空也要立足于当下。

虽然人都有惰性，但我希望你可以从现在开始去克服惰性，让自己变得足够强大，有力量去迎接好运、承担厄运。

而不能改变自己的人，永远也不要试图去改变别人，更不要奢望去改变世界。因为，你才是自己的主人，如果你不能掌控自己的人生，就没有资格"好高骛远"。

对于任何一个在全力以赴做事的人来说，哪怕最终的结果不尽如人意，但已经是最好的结果了。如果你不曾努力过，也许面对的会是比这更糟糕的命运和结局。

这个世界的法则是：努力了可能有糟糕的结果，但如果不努力，结果可能会更糟糕。

全力以赴是一种生活的姿态，它会让人生充满无限的可能性。而顺其自然是一种处世的态度，它代表着生命的韧度，能让我们安静下来，学会放过自己，宽容他人，拥抱世界。

每一个健康的生命既需要生机勃勃，也需要从容淡定。愿你能够全力以赴，做最好的自己；愿你顺其自然，接受生活中的不如意。

4. 学会低调，厉害的人都在埋头奔跑

> 你以为自己很重要，这只是因为你正处于那个位置，而其他人没有机会罢了。

（1）

林媛刚坐完月子就去上班了，身边的人对此特别不理解——按理说，她还有两个月的产假，怎么就提前去上班了呢？

林媛解释道："虽然我可以再休息两个月，甚至更长的时间，但是现在竞争压力大，我不想等休完产假以后公司已经习惯没有我的存在了。"

虽然我非常反对这种为了前途而不要生活的行为，却也佩服她这种强悍的拼搏精神。

在同事眼中，林媛是一个特别优秀的人，公司的很多大单业务都是她谈成的。像她这样的人，老板应该格外优待才对，毕竟她如果跳槽了，公司就等于垮了半壁江山。

但林媛不这样认为，她说："这个世界上没有谁是无可替代的，你懈怠一分钟，下一分钟就会有人追赶上你，甚至超越你。"

朋友吴聘是一家公司的技术总监，业务水平一流，但前段时间他感到特别郁闷：他觉得整个公司都是自己一个人在撑着，其他同事几乎不堪大用。

他还放言说，如果自己跳槽，公司说不定会垮掉。正是因为有了这样的底气，他向老板提出加薪的要求时，老板立马就同意了。但他依然不知足，又向老板提出了想获得公司一定股份的要求。

对于任何一位老板来说，面对员工提出的条件都是需要权衡的。合情合理的条件，老板可能会答应；如果超出了老板的接受范围，对不起，哪儿凉快您哪儿待着去。

吴聘最终辞职了，但公司并没有像他说的那样从此一蹶不振，而是一切都在照常运转。更让他想不通的是，顶替自己的人竟然是他曾经的助理，老板认为对方的业务能力未必比他差。

这个世界哪有什么无可替代，甚至替代你的人选就在你身边。你以为自己很重要，这只是因为你正处于那个位置，而其他人没有机会罢了。其实，你以为的无可替代也可能是他人的虎视眈眈——很多人都在等一个机会去证明自己也很优秀。

（2）

我曾经在《哈佛家训》一书中看到过一篇故事，叫《每个人都有一根指挥棒》。

这个故事讲的是，美国著名音乐指挥家、作曲家沃尔特·达姆罗施二十多岁就当上了乐队指挥，他少年得志，意气风发，难免有些飘飘然。他觉得自己才华横溢，是乐队的灵魂，不可替代。

有一天，沃尔特像往常一样去排练，准备开始的时候才发现自己忘记带指挥棒了，于是打算回家去拿。助理告诉他，不需要那么麻烦，借一根指挥棒就行了。他觉得不可思议，整个乐队就他一个指挥家，他能找谁借去？

看着助理肯定的眼神，沃尔特试着问大家："谁有指挥棒可以借我一下吗？"

话音刚落，大提琴手、首席小提琴手和钢琴手都从自己的口袋里掏出了指挥棒。

这一幕深深地震动了沃尔特，原来，在别人眼里自己从来都不是无可替代的，不少人都在暗自努力着，随时准备取而代之。

在这个位置上，与其说自己无可替代，不如说占得了先机。竞争者无处不在，如果自己不能持续进步，在未来的某一天就一定会被其他竞争者所淘汰。

从此以后，沃尔特更加努力了，每当自己自满自大的时候，他就会记起那三根指挥棒。

我们常常听到这样一些情话式的鸡汤语言：你是独一无二的，是无可替代的。

因为人性的弱点，这种好听的话没有谁不会喜欢。但不管语言如何动听，也无法改变现实生活中我们所要面对的残酷的"丛林法则"。

在单位里，那些精明能干、独当一面的人，你以为他们无可替代吗？就像吴聘刚辞职的时候，公司也许受到了一定的影响，但很快一切就回归了正轨。

历史上那些举足轻重的人物，当他们死去后，历史的轨迹照样会向前走。因为，一个人哪怕再举足轻重，当世界失去他后，所有人一定都会慢慢习惯的。

（3）

人在任何时候都不要翘尾巴，你以为自己才华横溢、无可替代，其实你不知道，这个世界最不缺的就是挑战者。

事业如是，爱情也如是，因为优胜劣汰才是生活的基本法则。

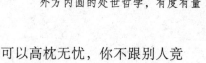

在丛林世界里，没有谁可以高枕无忧，你不跟别人竞争，不意味着别人不会向你发起挑战；你不淘汰别人，不意味着自己可以长盛不衰。

我曾经看过一部电视剧，里面有位老者告诫年轻人："不要躺在过去的功劳簿上过日子，再厚的家底也会被败光。有危机感的人不一定会有危机，没有危机感的人一定会有危机。"

任何人都可能被替代，我们唯一的选择是，用更好的自己替代过去的自己。

5. 善待那些让我们不痛快的人

好听的话可能会让你如浸蜜罐，但批评才会让你奋勇前行。

（1）

几年前，我在做商业策划活动的时候认识了紫怡。她眉清目秀，身材苗条，但成天只知道吃零食、刷微博、逛淘宝，根本不把心思放在工作上。

紫怡还有些自以为是，特别爱挑刺儿。比如，同事正得意扬扬地展示自己新买的衣服时，她就会插嘴说："这件衣服不怎么适合你——你那么胖，穿粉色只会更突出你的缺点。"

我们在商议策划方案时，她也总是挑刺儿，比如反驳说："创意是好，可怎么执行啊？"

记得有一次，我们正在讨论一个活动方案，紫怡又叽叽喳喳地说了一通，结果小武呛了她一句："你要觉得这不行那也不行，那你就弄一个行的给我们看看啊！"

我本以为这句话会把她"噎"住，没想到她翻了个白眼，漫不经心地说："你这是什么逻辑？我不是厨师，不会做菜，但别人做的菜好不好吃我总是知道的。你知道什么叫术业有专攻吗？你们策划的方案要是连我这个外行人都不看好的话，那就更别提客户了。"

瞧瞧，这样的人不仅爱挑刺儿，还牙尖嘴利，得理不饶人。私下里，同事都不喜欢紫怡，但不得不承认，正因为她总是鸡蛋里挑骨头，才逼着我们精益求精，做出了更好的方案。

（2）

我在工作中认识了一位前辈，他说自己不会轻易去批评别人，尤其不会去批评与自己不相干，甚至对自己有敌意的人。

为什么呢？因为批评他人绝对是一件吃力不讨好的事。

你批评一个人时，如果对方悟性好，他听进去了就会反思，从而不断改进。对他来说，这就是取得了进步。相反，如果你批评一个蛮不讲理、心胸狭窄的人，这不仅对自己没有任何好处，还有可能会因此而得罪对方。

批评他人是有风险的，而赞美是件一本万利的事。

好话谁都喜欢听，所以，溜须拍马有时甚至能成为人生的捷径。但良药苦口、忠言逆耳，赞美虽然能起到激励作用，但如果你正在走一条错误的路——违心地赞美他人，那可能只会让你越陷越深。

裴多菲说："我宁愿以诚挚获得一百名敌人的攻击，也不愿以伪善获得十个朋友的赞扬。"这才是明白人说的明白话。

一个人愿意批评你，给你使绊子、找碴儿，不管对方是出于何种目的，对他来说最多也就是满足了一下自己的虚荣心。但对你来说，如果你能学会反思，把这些不痛快

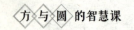

当成鞭策自己的力量,最终受益的一定会是自己。

（3）

生活中,那些让我们不痛快的人,比如爱挑刺儿的人、严厉的人、竞争对手等,他们的一些言行可能会让我们感到难受、屈辱和厌烦,但请记住,他们都是我们生命中的良师。

不管在生活中还是工作中,我们从来都不缺竞争对手,他们的言行可能会让我们不舒服,但是只要你一懈怠,他们很快就会追上来,甚至超过你。

这就像,有时我觉得自己写的文章已经非常完美了,但读者并不买账,总会挑出各种各样的问题。当被人家指指点点时,我也会觉得不痛快:我怎么可能凡事都会做到最好呢?

但是,反过来看,虽然我们不能要求每个人都面面俱到,但面对别人的挑剔和批评,我们哪怕改进一点点,向前再走一步甚至半步,那也是一种进步。

不要小看被逼着走的最后半步,在任何领域的顶峰,哪怕向前挪一毫米都是在创造纪录。

好听的话可能会让你如浸蜜罐,但批评才会让你奋勇前行。观众可能让你热情澎湃,但只有紧追不舍的竞争对手才会让你更加全力以赴，去无限接近最好的自己。

请善待那些让我们不痛快的人，因为，他们是我们生命中的磨刀石。

（4）

我曾经看过一部武侠小说，里面描述：当世最好的剑客在自己最强大的对手离世之后，便把自己的剑也埋葬了。

剑客说，他的剑术之所以达到今天的高度，是因为对手的步步紧逼，每当他想要休息片刻的时候，就会感受到来自对手紧追不舍的寒意——是这个对手的存在，成就了现在的自己。

最好的对手也是最好的队友，因为他最有可能"陪"你走到最后，并"助"你迈上巅峰。所以说，那些让你感到不痛快的人，其实是你生命中的贵人。他们就像一面镜子，会不断照出你的不足，让你从自满和盲目中清醒过来，鞭策自己继续前行，逼迫自己继续奔跑，让自己变得更厉害。

"温水煮青蛙"的道理人人皆知，但又有谁想过，现实生活中那些让我们不痛快的人，其实就是激发青蛙跳出陷阱的胡椒粉——那样才不会让我们沉迷于安逸之中，而是摆脱安逸，奋勇前行。

孟子曰："入则无法家拂士，出则无敌国外患者，国恒亡，然后知生于忧患而死于安乐也。"表面上看，我们是在全力以赴地对抗别人的苛刻与刁难，实际上却是在想方设法地超越自己。

请多反思一下自己的言行，不要去记恨、报复让你感到不痛快的人，当你能够应对刁钻、苛刻的批评以及步步紧逼的挑战，说明你已经变成了更好的自己。

6. 没有自律，你所谓的自由就只是放纵

自律力能决定我们的上限，让人生充满无数的可能。

（1）

李大姐最担心的事情还是发生了，儿子辍学半年后，就像换了个人似的，几乎废了。

我和李大姐是老朋友了，六七年前，我刚来贵阳时经常在当地报刊上发表文章。有一次，我发表了一篇关于人生选择的文章，李大姐看后很受触动，还从报纸上剪了下

来送给她正在读初一的儿子。

李大姐的儿子也喜欢写作，为此，她还特意介绍我们认识。

几年过去，李大姐的儿子已经是一名高三学生。很多高三学生都在一门心思地备战高考，但李大姐的儿子在这时选择了辍学，理由有二：一是现在他的成绩很差，就算参加高考也未必考得上；二是他一心想成为一名作家，并不想读大学，认为不上大学也不影响他的作家梦。

为了这事，一年前李大姐还特意让我去跟她儿子谈谈，希望能够改变他的主意。但是，我的话并没能让他回心转意，他还是坚持辍学回家，一心做起了作家梦。

半年过去了，从李大姐的描述中，我看到了一个正在堕落的少年：刚休学的时候，他还假模假样地看书、写文章。没过多久，他书也不看了，文章也不写了，每天打游戏到凌晨一两点钟，第二天中午才起床。

他不喜欢出门，天天闷在房间里，可以一个星期里只穿睡衣活动。

这哪里是追梦者应有的样子，这分明是一个懦弱的灵魂在自我放纵！

（2）

追求自由、追逐梦想本来是美好的事，我相信，很多特立独行的人都渴望实现自己的梦想。但是，一个缺乏自律的人即使获得了自由，他踏上的也不会是梦想的征程，而是噩梦的起点。

人是需要外界因素来约束的，就像这个社会一样，如果没有规则就会失控。

一般来说，一个人的约束力源于两个方面：一种是社会环境施加的。比如，学生会受学校校规的约束，他会按时起床去上学；成年人会受到法律法规和公司制度的约束，这能够确保他们的生活有条不紊。

另一种是人们的自律力。自律力强的人可以严格要求自己，哪怕没有外界因素的约束，他们依然能执行自己的计划，不会放纵自我。

相较而言，大多数人的约束力都源于第一种，即需要依靠外界因素的约束来保证自己的生活不乱套。而那些自律力强的人，他们往往能靠自律力成为引领一个时代的领袖人物。

有人说，自控只能防止你变坏，自律才能让你变得更好。缺乏自律力的人难以掌控自己的言行，尤其当他们摆

脱了社会环境的约束后，获得自由的那一刻也是自我放纵
的开始。这不仅不会帮助他们实现梦想，甚至会适得其反，
让他们的意志慢慢被消磨殆尽。

（3）

懒惰、贪图享乐是人性的弱点，所以，规则、制度从
来都不是一件坏事。

我的堂弟就是被自由摧毁的。高中毕业后，他没有选
择继续上学，也没有选择参加工作，成天就待在家里打游
戏，黑白颠倒，日夜不分。

堂弟是一米八几的大个子，长了一身肥肉，但是脸色
惨白，头发参差，眼睛浮肿，成天是一副萎靡不振的模样。
由于长时间沉浸在网络世界中，他甚至患上了社交恐惧症。

记得年前我劝说他的时候，他还反驳说："你不是也
没工作，自己做生意吗？"

自由工作者也不是真的自由，我们依然会受到很多的
约束。先不说国家法律法规和市场规则，就比如房租、生
活费用等各种开销，这些迫在眉睫的压力就约束着我们不
敢懈怠。

如果没有约束力，我绝不会每天都起早贪黑地工作，
而是会在家睡得天昏地暗，醉生梦死地活着。

其实，我也有过完全放纵的经历。记得大学毕业一年后，我离开了原来的单位，租了一间民房，在网上跟一个团队从事网络小说写作。

我的日子过得随心所欲，但是生物钟打乱了，精神特别糟糕，身体也渐渐变差。

好在我及时觉察到了危机，放弃了自由工作者的身份，找了一份自己还算满意的稳定工作，坚持每天去上班。因为，当我意识到自己缺乏自律力时，我需要借助外界因素来约束自己。

（4）

我相信，因为缺乏较强的自律力，李大姐的儿子不会成为一名作家，甚至很难成为一个独立自主、自食其力的人——他只会在这种颓丧的日子中，慢慢地把自己的梦想、灵性和意志消磨殆尽。

村上春树说过，当初，他决心当专业作家时遇到的最大问题不是写作，而是不能规律地生活。为此，他制订了一个详细的工作和生活计划，并且做到了有条不紊地去执行，其中有一条就是每天坚持跑步。后来，跑步甚至成了他作家生涯中最重要的一部分。

正是因为这样的自律，村上春树的作品才能在众多作家中脱颖而出。

一个人如果没有自律力，就不要去奢望自由。这就好比风筝和飞鸟，如果你是一只风筝，你不能够驾驭自己，就不要试图挣脱身上的线——没有了线，很快你就会坠落；如果你是一只飞鸟，则可以主宰自己的命运。那么，你不妨像比尔·盖茨、村上春树、马云那些优秀的人一样，挣脱一切束缚，去做最好的自己吧。

当然，那些挣脱外界束缚的人也不完全是自由的，他们的约束源自内心深处，源自对梦想的热爱。他们就像忠诚的朝圣者，没有谁可以阻止他们，他们只需遵从本心一步一步地向前走。

唯有这样的自律者，才配去享受那一意孤行的自由。

这个世界从来没有绝对的自由，如果有，那也是那些强大到可以主宰自己命运的人表现出来的潇洒和快意。因为，所有的高手都是在戴着镣铐跳舞，在小舞台中容纳了大宇宙。而这些人对自己的约束，也许苛刻到会让你怀疑人生。

人不能没有约束，但自律是所有约束中最难的一种，不是人人都可以做得到的。

每一个心怀梦想的年轻人，我为你拥有向往自由的渴望而感动，愿你是一个可以被梦想叫醒的人，为梦想奔波甚至忍受磨难的人。希望你拥有强大的自律精神和执行力，在追梦的路上，哪怕只有自己一个人也可以做到谨慎独行、不改初衷。

当然，如果你不知道自己是不是这样的人，也不妨尝试一下。当你意识到自己缺乏自律力时，不妨像我一样，做一个勇敢的"懦夫"，及时撤退，为自己寻找到外界的约束力。

你要知道，外界环境的约束力可以决定我们人生的下限，就算再糟糕，我们也可以做一个平凡人，过着朝九晚五的简单生活。而自律力能决定我们的上限，让人生充满无限可能。

如果我们无法达到上限，那就应该守住下限。因为，这是我们人生的底牌，你已经无路可退。

7. 追求完美，但别慌忙误事

你那么着急，可能只会离成功越来越远，甚至也会失去基本的生活乐趣。

（1）

老吴来公司三年了，最近特别想跳槽。三年是职场中的一个坎儿，如果三年里你还没有进步，比如升职加薪，估计也就到头了。

"三年来，我的收入和职位都上不去，现在连女朋友都没谈上，在这样的公司要待到什么时候才能出头？唉，一转眼毕业都四年了，我竟然一事无成！"老吴跟我诉苦道。

看他一脸的颓丧，我劝慰道："你太着急了，有几个人在大学毕业四年后就功成名就的？"

像老吴这样着急的人，我们的身边比比皆是。

我的表妹才 25 岁，就开始担心自己会成为大龄剩女了。她把个人信息发布到多个婚介网站上，成天为相亲忙个不停。她还说，女人必须在增值期把自己嫁出去，否则到了贬值期恨嫁都难了。

前公司的销售主管，三十岁出头，一心想升职，为这件事还跟公司领导红过脸。这让本来有心提拔他的领导犹豫了，甚至公开批评了他过于追求功名的思想，说他还需要磨炼。后来，领导提拔了另一位同事，他深受打击，索性辞职了。

但是，到了新公司，换了新岗位，他会很快得到自己想要的一切吗？

我表示怀疑。毕竟，你到了一个新环境后需要一段时间去适应。你要是从事了与之前不同的工作，因为隔行如隔山，你甚至需要花很多时间和精力去学习。而且，没有任何一家公司会把重要职位交给新职员。

一名北大高才生入职华为，不久后给老板任正非写了一封谏言书，历数了华为的各种弊病和改进办法。任正非的批复是："此人如果有精神病，建议送医院治疗；如果没病，建议辞退。"

为什么会是这样的结果呢？我想，大概是因为这名年轻人太着急了。才刚刚入职，你对公司有多少了解，对行业又有多少了解？虽然你初生牛犊不怕虎的勇气可嘉，但从另一个角度也反映了你的急功近利和浮躁。

马云的观点与任正非不谋而合，他曾经说过，员工入职公司一年内，谁跟他谈战略，谁就走人！

一名新入职的员工，首先要做好的就是本职工作，学习专业、了解行业。如果你连这些事情都没有搞清楚，而去大谈战略的话，是不是太自不量力、异想天开了？

现在，有些年轻人就是特别着急，他们都想一夜暴富、一夜成名，早日走上人生巅峰。

那名写谏言书的高才生，他的初衷可能是想引起公司领导的重视并得到重用，但任何人的成功都不会是一蹴而就的，不管你想在哪个领域取得一定的成就，除了天赋之外，你还需要积累相应的经验。

所以，相对于异想天开，我更相信水到渠成。

（2）

张爱玲说："出名要趁早。"这句话害了很多急功近利的年轻人，他们大学未毕业或刚毕业就幻想着做大事，期望在某一个契机上获得大的成功。

有没有这样的人呢？有！比如，有的童星尚在幼年就风光无限；有的年轻人三十岁出头就当上了霸道总裁；有的作家不到而立之年就出了畅销书，名扬天下。

但你是否想过，这些很早就获得成功的人，他们除了天赋过人之外，其实也经过了一定的积累。

关于积累，可能包括两个方面：一是自己继承下来的积累，也就是父母留下的好基础；二是自己在专业方面的积累，即拥有足够的专业技能。

就拿一名二十几岁的霸道总裁来说，如果不是家大业大，他怎么可能迅速到达人生巅峰？还有那些网络作家，年纪轻轻就成了当红偶像，但是很多人可能不知道，其实他们很早就开始接触写作了。

比如蒋方舟，小学没毕业之前，她就在母亲的指导下出了第一本书。再如韩寒，他的父亲就是一位写作爱好者，在家庭环境的熏陶下，他很早就已经读过《资治通鉴》了。

看看吧，他们比我们更有优势的地方在于，父母在他们很小的时候就开始培养他们了。是的，这些人的功名不是一蹴而就的，而是他们开始得早。所以，"出名要趁早"这句话真正的意义也许是与其趁早出名，不如趁早开始。

俗话说，笨鸟先飞早入林。路，都是一步步走出来的，你没有海量的阅读积累，没有足够的写作训练，就算参加了新概念作文大赛，你又能得到什么名次呢？

（3）

五年前，我还在写网络小说。那时候很多人都特想写小说，成为网络大神就可以日进斗金。其中，写作群里有一个小伙子说他一定要成名，一定要成功。然后，他天天在群里拉票，让大家帮他收藏、评论、点赞。

但是，他根本不明白，光靠群里的几百名作者帮他收藏、评论和点赞，他的作品永远也红不了。因为，一部作品要想大火，就必须靠千千万万的读者来捧场。

但读者凭什么捧你的场呢？所以，你必须有足够的诚意，才能收获大家的敬意。

你不能太着急，得坐下来好好学习。

为了拍摄《战狼Ⅱ》，吴京深入部队体验过生活，向军事小说作者请教过，几度打磨剧本，历时四年才完成了这部火爆的动作大片。

你不能太着急，要静下来好好思考。

你火急火燎地想着成功，随便抓着一件事就盲目去做，但你根本不知道自己是否真的喜欢、适合。那些想凭借一部作品就火遍大江南北的人，你想过自己是真的喜欢、适合写作吗？可能你的努力只是缘木求鱼，甚至最后可能会背道而驰，正所谓欲速则不达。

因为着急，你从来没有踏踏实实去做好一件事；因为着急，你可能只关注那些成功人士的励志故事，却没有分析他们成功的深层原因；因为着急，你可能连基本的学习时间也没有了，变得眼高手低；因为着急，你开始不走寻常路，甚至走火入魔，结果以失败告终。

你那么着急，可能只会离成功越来越远，甚至也会失去基本的生活乐趣。哪怕你在追梦的道路上不顾一切，也绝对不会走得太远——着急只会让你变得疲惫不堪。

（4）

奋斗应该是一段快乐的旅程，它应该成为你的动力来源，它应该源源不断地给予你精神的力量，让你的生活因此而充满阳光，人生因此而充满希望，而不是让你一直疲于奔命。

我曾看过这样一个故事：苏格拉底和拉克苏约好要到很远的地方去游览一座大山。但是，走了很久以后，他们发现那座令人神往的大山实在太遥远了，恐怕走一辈子也不可能到达。

拉克苏沮丧地说："我竭尽全力奔走了这么长的时间，结果什么都没看到，真是太叫人伤心了！"

苏格拉底掸了掸长袍上的灰尘，说："这一路上有许多美妙的风景，难道你都没有注意到吗？"

拉克苏一脸的尴尬，回答说："我只顾朝着遥远的目标奔跑，哪有心思欣赏沿途的风景呀！"

"那就太遗憾了！"面对神情沮丧的拉克苏，苏格拉底不禁感叹道，"当我们去追求一个遥远的目标时，请不要忘记，其实，在这一次的旅途中处处都有美景！"

我曾看到一句很令人动容的话："纽约时间比加州时间早三个小时，但加州时间并没有变慢。"

有的人求学到 24 岁才毕业，但过了很久才找到满意的工作；有的人 28 岁就成了 CEO，但失去了陪伴家人的时间；有的情侣选择了结婚，但有的情侣选择了分手。

每一个人都有属于自己的发展时区，你不需要嫉妒比你走得快的人，也无须嘲笑比你走得慢的人，因为大家都在自己的时区里走着自己的路。所以，你没有领先也没有落后，在命运为你安排的时区里，一切都很准时。

生命，就是在等待正确的行动时机。

你一定要努力，但千万别着急。你需要做的，只是踏上自己的旅程，尽情享受途中的美景，不断地超越自己，让现在的自己比过去更好，让未来的自己比现在更好。

命中属于我们的东西，总会有备而来。

8. 当决定等待的时候，其实你已经放弃了

一个敢于行动的人，永远都不会顾虑重重。

（1）

很多事情永远也不要等待，哪怕你觉得时机不成熟，有很多条件都不具备，但能做多少就去做多少。做了就是做了，哪怕没有理想中的那么完美，但只要你全力以赴，生活呈现出的状态一定是彼时彼刻最好的。

相反，如果你一直等待时机，成功就会离你越发遥远。

我有一位教写作的老师出了两本散文集，但是他对此并不满意。他常常跟我们讲，他有一个作家梦，等自己退休有时间了，准备更充分一些，就会把自己想写的故事写成长篇小说。

从他言谈举止之间流露出来的神采，就可以知道他对自己要写的小说是多么的期待。但直到现在，我们毕业快十年了，他也退休好几年了，他的作品至今没有问世。

这其中有很多原因，包括他年纪大了、精力有限等，但是，没有写出来就是没有写出来。如果在没有太大意外的情况下，他想写的那部小说估计这辈子是出版不了了。

就是这样，有的事情过了就是过了，就像灵感一样，当时错过了后来再想捕捉几乎不可能。

这样的感觉，我曾经也遇到过很多次。有的时候，我突然想写一个故事或一篇文章，因为当时忙或者觉得自己的想法不是很成熟，也可能因为其他原因就暂时放下了。

但是，一旦放下之后，这件事有可能很快我就忘记了，也可能虽然没有忘记，就是找不到当初灵光一现时的冲动，甚至虽然在脑海里依然有这样一个故事，却不知道应该从什么地方开始写。

时过境迁，物是人非。这个世界是发展变化着的，每个人都处于发展变化之中，当你有时间的时候可能就没有了那份冲动，当你有那份冲动的时候也许已经力不从心了。

（2）

前段时间，我看了朋友的孩子画的一组画。

小朋友才 7 岁，学习画画也没几年，用笔非常稚嫩，甚至线条也不是很流畅。他画的是爸爸妈妈和自己一起去森林旅游的奇遇，在画里，他跟很多小动物成了好朋友。

不过，画里也有其他凶猛的动物。

因为爸爸是这样教育孩子的："我们要热爱动物，但有的动物是危险的，我们要学会保护自己。所以，我们不能随便去打扰和侵犯它们，如果那样的话，我们可能会把自己置于非常危险的境地。"

这组画虽然简单，其中表达出来的天真却别有一番滋味，是其他画家可能永远也画不出来的。也就是说，它们可能不够好，但一定特别到无可替代。

不必吹捧完美，只需赞扬个性。一朵花并不是成熟的最终形态，但最是动人。

记得有一次回老家办事，我在布满灰尘的书堆里翻到了很多小时候写的文章。那些文章特别不成熟，构思简单，用语粗糙，甚至还有不少错别字和病句。但是，我读着的时候，却勾起了自己不少回忆和感动。

很多幼稚的看法，很多不知天高地厚的设想，让我仿佛又看到了当初那个心气高傲的少年，曾经站在世界面前大言不惭，无所畏惧。

在一篇文章中，我这样写道："以后长大了，我要在全国每一座城市都开一家旅馆、一家餐厅，这样的话，走遍全国各地我都有吃的和住的地方。"我还发下豪言壮语："三十岁之前我要走遍全国，三十岁之后会闯荡全世界。"

这样的文章是现在的我永远不会写、也写不出来的，因为，那时候我只需敢想就行了，想到什么就可以说什么。但是，随着自己慢慢地长大成熟，现在的我除了敢想以外，还要考虑现不现实。

我想，如果当初我提起笔的时候，顾虑于自己还不够成熟的写作能力，顾虑于自己还不够成熟的思想，等以后自己准备好了一切再去写的话，可能永远也不会写出那样纯真的文章来了。

在人生的某一个阶段，如果你想去做一件事，没必要等到万事俱备。这件事哪怕你做得没那么完美，只要你付出了真心、付出了努力，一定会成为最美好的经历和回忆。

（3）

在十五六岁的年纪，我们不必去羡慕成年人的成熟；人到中年，我们也不必去羡慕老人的从容。因为当你具备条件的时候，当初最好的时机可能早已不在了。

所以，我们只需要在自己最想做一件事的时候，靠着当时所拥有的一切条件，用自己的努力和专注去把它做到最好就行了。

不管做什么事，永远都不会有各个条件都准备好的那一刻。做事的最佳时机，就是我们无法抑制内心冲动的时候，因为那时的你正具备无所畏惧的能量，而这也许就是超越一切条件的所在。

当你在做事的时候，事情往往会发生变化，这样你就会在变化的过程中不断地成长。所以，我们不妨直接上路。

少年作家写的文章虽然欠缺成熟，但反过来可以这样看：少了一些匠气，多了一些真实。也许这才是感动我们的根本，因为，如果没有那些真实，文章可能就丧失了魅力。任何时候，总有一样东西能占得先机。

等待是一个得到的过程，也是一个失去的过程。当你终于等来好的条件，也许当初想要出发的心愿早已变成了淡淡的微笑——你已经无所谓了。

不管在任何年纪、任何情况下，只要心有猛虎，就无须等待。因为，继续等待的结果永远都只有一个，那就是你的激情和热忱会被日渐消磨殆尽。

年少轻狂时，我想等自己有钱了、有时间了，一个人骑自行车去西藏，看看世界上最干净的云；我想等自己阅历更加丰富了，准备得更加充分了，写一部千万字的小说。

现在的我早已不会去说这样的话了，也永远不会实现这样的豪言壮语了。但回过头来想，曾经就是最好的时机——那时如果上路了，我早就领略了西藏的风土人情；那时如果动笔了，我可能早已把小说写完了。

所以，我是在等待中慢慢地放弃了一切。

（4）

曾经有一首唱响大江南北的歌叫《我想去桂林》：

"我想去桂林呀我想去桂林 / 可是有时间的时候我却没有
钱 / 我想去桂林呀我想去桂林 / 可是有了钱的时候我却没
时间……"

一个不行动的人，永远都处于矛盾之中。一个敢于行
动的人，永远都不会顾虑重重，他会立即出发，也会接受
自己的不完美。这样做，他的收获也将是无可替代的。

恋爱不必等。当你有了喜欢的人，不妨勇敢去追求。

做事不必等。当你想去奋斗的时候，虽然有很多人会
轻视你，但你会在做的过程中磨炼性格、积累知识、提升
技能、砥砺智慧。你甚至可能在奋斗的过程中结识不同的
人、经历不同的事，继而成就不一样的自己。

我一直认为，凭年龄判断自己该做什么是最不靠谱的
事。骆宾王写了一辈子的诗，传诵最广、好评最多的却是
他6岁时写的《咏鹅》，谁又敢说6岁是他写诗准备得最
充分的年纪呢？

所谓有志不在年高，只要心有猛虎，不妨让它仰天长
啸。一个人不必等到长大后才去做自己想做的事，因为做

事就是你不断成长的一部分。一个人也不必等到所有的条件都成熟了才开始行动，因为我们之所以努力，就是为了创造更好的条件。

我曾经看过一段动人的文字："去见你想见的人，趁阳光正好，趁微风不燥，趁他还在，趁你未老。"行动吧，现在是最好的时机——相对于过去，现在最好；相对于未来，现在就是一切。

9. 不要小看那些敢于当众出丑的人

> 因为不怕出丑，他们敢说敢做——哪怕说得不好、做得不好，他们至少也能够让自己得到锻炼。

（1）

记得大学即将毕业时，我找工作遇到了麻烦——很多用人单位都要求应聘者有丰富的工作经验，但当时我只是白纸一张，所以连面试的机会都没有。后来，有一家非常有实力的公司来学校招职员，看了招聘条件，我就知道自己即使投了简历，他们也不会通知我去面试。

当时，有位校友晓峰因为总找不到满意的工作而特别沮丧，也不知道他是怎么想的，就向这家公司投了简历。令我们想不到的是，对方竟然通知他去参加面试。

原来，晓峰投了一份假简历。根据招聘条件，他把自己包装成了一个非常适合招聘岗位的人才。

当站在面试官面前的时候，晓峰开门见山地道了歉。在场的所有人都惊呆了，面试官铁青着脸说："我们是在招聘人才，不是在过家家，你把公司的面试当成什么了？"

晓峰解释道："对不起，我知道诚信的可贵，但做假也是无奈之举，我非常需要这份工作，我认为自己能够胜任它。我只是想争取到面试的机会，能够在你们面前展示自己。如果我投递一份真简历，恐怕你们根本不会给我面试的机会。"

听了晓峰的解释之后，面试官的情绪缓和了下来，于是给了他一次完整面试的机会。

晓峰的想法很简单，就是尽可能争取一次面试的机会，做假那有什么呢，大不了被别人轰出来嘛！就算不成功，也算是给自己一次锻炼的机会。他就是抱着这样的心态，完成了一次不可思议的面试。

更让人想不到的是，面试后不久，公司居然给晓峰打来了电话，说原来的招聘岗位已经有合适的人选了，但是公司需要人才，如果他愿意的话，可以去营销部门上班。

这个故事告诉我们：你所谓的面子，没人会在乎。与其畏首畏尾，什么也不敢说、什么也不敢做，不如大胆一点，想说就说、想做就做。

（2）

脸皮厚不仅是一种"才华"，更是一种强大的竞争力——脸皮有多厚，舞台就有多大。

关于厚脸皮，很多成功人士也十分认同。前太平洋总裁严介和说："什么是脸面？我们干大事的从来不要脸面，脸皮可以撕下来扔到地上，踹几脚，扬长而去，不屑一顾。"

到底什么是"不要脸"呢？为什么那么多人会对这句带着贬义色彩的话如此认同呢？

人要脸，树要皮。我们所说的要脸，其实就是要面子。在很多人看来，面子相当于尊严，甚至有的人认为面子比命还重要——所谓人争一口气，佛争一炷香。很多人为了争一口气，宁可死要面子活受罪，实际上，这是自欺欺人。

其实，当你因为面子而伪装的时候，你已经限制了自己，放弃了很多机会。

因为，你如果向自己喜欢的姑娘表白了，至少有 50%

第一辑 <<<
外方内圆的处世哲学，有度有量

的成功率；你把自己写的文章分享出来，也许能够找到一两个知己；你主动去跟同事竞争工作岗位，就算不会胜出，至少也表现和锻炼了自己。

我特别不喜欢有的人说："这次我豁出去了！"为什么要豁出去呢？参与竞争本来就是一件平常的事，真没必要搞得像上刑场似的。

当我们因为面子而驻足不前时，那些可能并不比我们优秀的人已经大胆地站到了最前面。而一旦站到那个位置，他们就已经胜过了我们很多。哪怕他们没有获胜，也因此获得了锻炼、获得了进步。这样的人，他们离成功又近了一步。

在美国闯荡的中国小伙子蒋甲，他就是一个屡被拒绝的人。为此，他在网上发了一段叫"100天拒绝计划"的视频，故意去向陌生人提出各种莫名其妙的要求，然后等待别人的拒绝。

没想到，这段视频一下子就火了，"求拒绝"成了网上热议的话题。更让人匪夷所思的是，后来，他的一些令人啼笑皆非的要求竟然被某些人接受了。他因此还写了一本书，叫《没有永远的拒绝，你只是暂时不被接受》。

再后来，他提出了"被拒绝疗法"，意思是：不敢表达自己的人，可以主动向人们提出各种无理的要求，等待被他人拒绝。这样通过无数次的拒绝之后，你就能练就强大的内心。

（3）

因为面子而不敢表达自己，是这个世界上最愚蠢的想法。因为，你的面子除了自己之外，真的没人会在乎。

退一步来说，如果你进行了十分糟糕的表达，只存在两种可能：第一种，你特别差劲。那么，他们对你的取笑最多只是几分钟，甚至几秒钟，这事很快就会被大家抛在脑后。

第二种，你可能会变得很优秀。那么，之前你出过的糗事也许有人会记得，但一定会变成佳话。

我想起了一名来自云南边城的大学女同学，她性格活泼开朗，对人充满热情。不过，她有一口非常糟糕的普通话，每次她开口说话总能引得哄堂大笑。有的同学就调侃她说："哈哈，你把舌头捋直了再说吧！"

但是，她从来不怕出丑，能大胆地回答老师的问题，诚恳地与同学进行交流，并且一直在努力使自己的发音尽量变得标准。谁也没想到，毕业时，她奇怪的口音竟然完全消失了。

所以，永远不要小看敢于出丑的人，他们的潜力令人

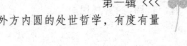

不敢想象。因为不怕出丑，他们敢说敢做——哪怕说得不好、做得不好，他们至少也能够让自己得到锻炼。

很多年过去了，当年这名女同学操着奇怪口音的情景依然历历在目，但是她也一直被大家所喜爱和欣赏，因为她的身上有一般人没有的勇气——她曾经当众出丑，后来她的进步又让剧情完全反转，成了励志故事。

这个世界上最美的事物，其实不是面子，而是勇气。

（4）

那些敢于出丑、不怕丢脸的人，最容易接近成功。这更深层次的原因在于，他们完全放开了自己，已经造就了无比强大的内心，敢于去面对一切，能做到真正的坦然。

那些敢于出丑、不怕丢脸的人，本身就具有与常人不同的人生观、价值观。说到底，他们不仅有着强大的自信，更有着比一般人冷静、清醒的认识，能坚决地做出选择。

在我看来，越王勾践就是一个特别"不要脸"的人。他曾受尽人间奇耻大辱，但他卧薪尝胆，内心坚定并能持之以恒，最终"三千越甲吞吴"。正如电影《中国合伙人》中的一句台词："中国的英雄，是可以下跪的。"这样的人，他们宠辱不惊的定力与精神，就像千军万马，战无不胜。

实际上，对于那些格外在意自己面子的人，从另一个角度来看，那只是他们内心脆弱的表现。他们懦弱、害怕、恐惧、犹豫、忐忑，不敢遵循内心需求去争取机会——一边是内心强大，一边是手足无措。两相对比，孰优孰劣，一目了然。

被人拒绝并不可耻，因为这个世界上根本不存在"有求必应"。那些被接受最多次的人，也一定是被拒绝最多次的人。悲哀的不是你会被别人拒绝，而是你没有向他人提要求的勇气。

从表面上看，我们处于一个时时处处充满竞争的世界，归根到底，每个人最需要战胜的其实就是自己。就像在一场商业竞争中，你以为最厉害的那个对手是阻碍自己成功的根源——其实不然，即使没有他，别人也会是你的对手。

敢于站出去是战胜自我的第一步，也是超越自我的第一步。也许最初你会听到嘘声，但是很快它就会被掌声所取代。所以，你应该放下所有的顾虑，心无挂碍地做最好的自己。

10. 让方圆之道成为你的立世之本

如果你在某一个领域里显得特别专业，你的
选择虽然不多，但每一次选择都能让自己立足。

（1）

前段时间，一个网友跟我聊天，说他快三十岁了，以
前觉得自己挺能干的，为人也活跃，称得上多才多艺，什
么事都能应付。现在工作四五年了，但他觉得自己似乎没
取得什么成绩，并且遇到了发展的瓶颈。

他为此特别苦恼，是辞职另谋出路，还是这么将就下
去呢？

深入沟通后，我发现在他身上有一个很普遍的问题：
什么都懂一点，但什么都不精。

表面上来看，这样的人就像万金油，在生活和工作中
能应付很多事。并且，把他们放在任何地方，他们都能迅
速地适应工作。但是，他们也仅止于此，要想再进一步就

勉为其难了。

因为，这样的人看似什么工作都能胜任，但只是勉强能做，而要想做得更好，他们就后续乏力了。他们这样的人虽然很受欢迎，但永远只能打打下手。

记得《海上钢琴师》里有一段经典台词："你知道钢琴只有 88 个键，随便什么钢琴都没差。它们不是无限的，你才是无限的，在琴键上制作出的音乐是无限的。我喜欢这样，我活得惯。"

其实，哪一件事情又何尝不是如此呢？同样的一件事，有的人能做到皮毛，有的人能做到血肉，而有的人却能直抵灵魂深处。

那些什么都会一点的人，做事往往停留在皮毛上，不管放在什么领域他们都是底层，最容易被替代——当无关紧要的任务缺人手时，可以临时让他们顶上去；当需要专家解惑的时候，他们只能袖手旁观。

刚开始的时候，这样的人可能特别风光，当深入下去你就会发现，他们突然没用武之地了，专业的限制让他们举步维艰。

同样是钢琴，对一个略懂皮毛的人来说，也许在生日会上弹一首《祝你生日快乐》是足够的，但如果举办演奏会要弹《命运交响曲》，那就没他什么事了。

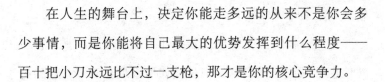

在人生的舞台上，决定你能走多远的从来不是你会多少事情，而是你能将自己最大的优势发挥到什么程度——百十把小刀永远比不过一支枪，那才是你的核心竞争力。

（2）

什么都懂一点但什么都不精，这样的人永远都只是可有可无的小人物。

我的表弟就是这样的人，他曾经大言不惭地说，自己适合当领导做管理工作。事实上，在现实生活中，很多人也是这样认为的，比如我的朋友大宝。

大宝开了一家餐厅，他说："虽然我不会炒菜，但我可以请人，只要管理好员工，餐厅的生意肯定会蒸蒸日上。管理员工难道还能比炒菜难吗？"

在管理这个问题上，所有人都会自我感觉良好——使唤人谁不会呢？但是，如果真正涉及工作中的具体细节，尤其是在这个竞争日益激烈的时代，根本没那么容易——你会使唤人、会笼络人心、会建设团队、会统筹协调吗？

后来，大宝招了十几个员工，但他在管理人员上一塌糊涂。此外，所有的员工都领着固定的工资，从早到晚给人的感觉就是一个字：累！

餐厅生意不好的时候，大家优哉游哉的；生意渐渐好转以后，主厨却辞职了。

相反，我的另一个朋友陆垚开了几家连锁火锅店，虽然他也不懂如何做餐饮，但是懂如何管理员工——他的每家火锅店都由一位店长负责，每位店长都有一定的股份分红权：火锅店如果赚得多，你的奖金就分得多；如果你辞职了，股份分红权将无条件由下一任店长继续享有。

就是这么简单的一招，让陆垚在开店十来年里几乎没有流失过一位店长，甚至员工辞职的也很少。

你别以为管理很简单，实际上，它也是一门技术活。

如果你只是性格开朗，为人热情，也许你仅仅具备管理的粗浅条件。而高水平的管理必须用智慧和技巧，尤其是到了一定的程度，从某个层面来说，管理是制度的革新以及文化的建设。

管理没有想象中的那么容易，这是一个自我感觉良好的"万金油"根本无法胜任的工作。

一知半解就注定了你不能在专业上独当一面，而且，在管理上也不能做到众望所归——如此，你的发展又从何谈起呢？去制订优越的制度、创建先进的企业文化、培养优秀的团队、开创新的局面吧，这才是王道。

（3）

什么都会一点但什么都不精的人，其实是再普通不过的人。他们有一定的能力，如果让他们去竞争，问题很快就出来了——因为，他们的能力只是停留在基础层面上，在竞争中他们没有一丁点胜出的机会。

在《你的知识需要管理》一书中，有这样一个很棒的观点："学习任何领域的知识必须达到一定的深度，否则你的知识就是常识，而常识怎么可能给你带来个人的竞争优势呢？"

我们欣赏那些拥有丰富常识的人，但更佩服那些拥有渊博专业知识的人。

如果说常识是用来生活的，那么，知识就是用来发展自我、发展事业的。那些拥有专业知识的人，不管在什么领域都不会做得太差。哪怕他们不会管理，不能当领导，但在专业领域里绝对能说得上话。

有一位大学老师，他的职称不高，但在校园里绝对是一号人物。他的电话长期关机，除了关于教学安排的会议外，他很少参加学校的其他例会。

有人曾经问他为什么电话长期关机，他说："如果我想找谁，开机就可以打给他了。"

所以，他不开机是因为不想被打扰。

这样特立独行的人，换成别人可能早就被学校领导骂死了，但他是某个领域里的权威专家，上课不用带教材就可以讲一天——光凭这一点，他就有足够的底气。

如果你只是一个事事皆懂皮毛的万金油，你将没有任何的底气可言，甚至当你躬身自省的时候，也会觉得自己一无是处。

你会说结结巴巴的英语，但找一个能流畅说英语的人并不难；你会打三脚猫的篮球，但再找一个会打篮球的人也并不难；你会写平铺直叙的文章，但会写这种文章的人比比皆是。

一般情况下，你永远也得不到重视或者说重用。因为，你能干的事情别人也能干，你根本无法在竞争中显示出自己无可替代的本事来。

（4）

什么都懂一点但什么都不精的人，实际上什么也不会。换句话说，这样的人不管放到任何领域，干什么也不专业。这样看来，他又能真正做出什么成绩来呢？

多学一些知识总是没错的，至少能够拓宽你生命的宽度，但你不能不具备相应的专业水平，因为那将决定你事

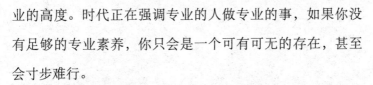

业的高度。时代正在强调专业的人做专业的事，如果你没有足够的专业素养，你只会是一个可有可无的存在，甚至会寸步难行。

专业是这个世界上最无穷无尽的风景，26个字母组成单词，单词组成句子，句子组成文章，而文章富含无穷无尽的意义。如果你只停留在认识26个字母上，或者很多的单词上，你永远也不会成为作家。

专业的渊博，只有不断地深入才能知道其中的奥妙。那些总觉得自己什么都懂一点的人，不妨选一个自己最喜欢的专业，一头扎进去好好钻研。

按照一万个小时定律，一个人如果努力学习一门知识达到一万个小时，他就会成为这个行业的专家。当你花上几年时间成长为某个领域的专家以后，你就会发现，路越走越宽了。

在这个世界上，不是你会的事情越多，你的路就越多，而是你会的事情越精，你的路才会越多。因为，职场中有太多精益求精的专业人士，你凭什么跟这样的人竞争？相反，如果你在某一个领域里显得特别专业，你的选择虽然不多，但每一次选择都能让自己立足。

第 二 辑
请你撕掉善良的标签

其实，在现实中并不是日久见人心，而是当我们受到人心的伤害之后才会发出这样的感叹。与其说是"见人心"，不如说是受到了教训。

1. 好的脾气里，都藏着好运气

你是什么性格，就会交到什么性格的朋友，

而你交的朋友会影响到你的生活状态。

（1）

有的人第一次见面，你就觉得他前途无量；而有的人，你觉得他不会有大作为。很多时候，一个人的一举一动都预示着他的未来。

别看赵津才三十岁出头，但他已经是公司里的重要骨干，拿着令人羡慕的年薪，几乎所有与他有过交集的人都觉得他前途不可限量。

赵津来自农村，短短几年内就实现了跨越式的升职。这除了因为他工作认真、踏实之外，还在于他拥有一般人所没有的好脾气——他遇事不急不躁，处事不卑不亢，对人坦诚，与他相处会让人觉得很舒服。

不过，赵津的好脾气并不是没立场，他的忍气吞声是一种笑对人生的自信、从容。有一次，为了抓紧完成一个项目，大家天天在加班。当时，从公司总部抽调过来的张经理脾气特别大，动不动就会冲人发火。赵津把新改的方案递给他，他看了两眼觉得不满意，就开口大骂上了。赵津一直站在他面前，等他骂完，就去给他倒了一杯水。

等张经理心平气和之后，赵津才开始陈述自己的观点，并询问他有什么意见。

这么一来，张经理也不好意思再发脾气了，开始耐心讨论方案接下来该怎么改，工作该怎么安排。

就是这么一件小事，换成一般人，哪怕当时忍气吞声，事后在私底下也肯定会满腹委屈，弄不好还会咒骂领导。但赵津没有这么做，他跟对方心平气和地进行了沟通，并把事情做到了最好。

赵津也不是那种逆来顺受、忍气吞声的人。相反，面对各种事情，他敢于表达自己的看法，甚至会据理力争。但是，无论在什么情况下，他都能控制自己的脾气，从来不会被情绪所左右。

有一次，一名女职员因为一件小事跟赵津争论，当时她特别激动，赵津却说："我们都是为了工作，要尽量控制自己的情绪。我们沟通的目的是为了把工作做好，而不是把彼此当成仇人。"

就是这些细节让大家觉得，赵津是个人物，他一定会拥有美好的未来。事实也是如此，没过多久，他就被升职调到了公司总部。

（2）

赵津是幸运的，但他的幸运又是顺理成章的。因为，脾气好的人运气都不会太差。

也许有人会觉得这只是鸡汤或励志，道理未必有多么深刻。事实上，一个人的脾气好坏能直接反映出他的一切面貌。而从脾气反映出来的一切，可能就是你留给他人的直接印象。

好的脾气里往往藏着一个人优秀的素质、高尚的品德和美好的情操。脾气好，一方面是你对人好，给人的感觉很舒服；另一方面，那是具有高尚修养的表现。

我有一个朋友，每次开车出小区大门，他总是会对开门的保安说一声谢谢。这仅仅是对保安的尊重吗？其实，每次跟他一起出去，我看到的分明是他高贵的修养和有礼有节的品质。

而那些脾气糟糕的人，遇事就会发火，动不动就会出口伤人。他们不仅不尊重别人，从另一个角度来看，那是他们缺乏涵养的表现。

一个人脾气好，所有人都会愿意跟他相处。这是一个人与人相处的世界，我们常常说的机会、运气和贵人——这些对一个人的前途起着重要作用的因素，都是发生在人与人之间的。

当别人跟你相处得舒服了，有好事自然会想到你，那是世界对你优秀素质的反馈。而那些脾气暴躁、特别容易情绪化的人，就算是非常熟的朋友，当他手里有好资源、好机会，想到你的时候可能也会犹豫——因为把这样的资源或机会给你，有可能不会达到预期的效果，甚至给了你之后，你有可能会给他带来麻烦。

所以，有很多人因为脾气差，把到手的好差事都放跑了。

（3）

朋友张京是个颇有才气的人，但他在公司没有谋到个一官半职，因为他奉行的原则是：才气有多大，脾气就有多大！他自恃有些才华，工作中动不动就会冲人发脾气。

有时候出于好意，我也会提醒他几句，但他会理直气壮地说："对不起，我这人就是这脾气。"

你说他这是耿直吗？在我看来，耿直应该是内心的善良和光明，而不应该是只图自己口头上痛快而不顾他人的感受。毕竟，发脾气只是本能，控制脾气才是本事。

有人说，很多人就是喜欢把虚伪当成有涵养，明明自己心里不痛快，却还要装出一副没事人的样子。

事实并非如此。生而为人，谁还能没点脾气呢？但你再有脾气，也不应该朝别人发——在这个世界上，没有谁应该去承受你糟糕的脾气。

如果你说发脾气是耿直，那我可以说你很自私。因为，你发脾气是为了图自己的一时痛快，而不会顾及他人的心理感受。既然你这么自私，别人为什么要尊重你呢？

脾气坏的人往往比较粗枝大叶，性格上特别容易急躁，做事没分寸，他们就像刺猬一样会到处扎人。他们的脾气就是性格的外在表现——他们的坏脾气不仅决定了他们的运气，实际上也决定了他们的命运。

俗话说，物以类聚，人以群分。你是什么性格，就会交到什么性格的朋友；而你交的朋友会影响到你的生活状态，而你的生活状态其实也正在悄悄地改变着你的未来。这就是脾气带给一个人未来的连锁反应。

一个富有内涵的人，他不屑与脾气暴躁、低素质的你为伍；一个文质彬彬的人，他更不愿意自讨没趣。而这个世界上最好的资源，正悄悄地被高素质的人群控制着——他们决定着这个时代的发展高度。

你的坏脾气，已经把自己踢出了局，你只能"耿直"

地游离在成功的边缘，还自以为是。甚至，你的坏脾气正悄悄地左右着自己的情绪，影响着自己的健康，并限制了自己的发展。

（4）

好脾气不仅能够在事业中给你带来好运，哪怕在家庭生活中，一样会让你受益多多。

俗话说，不是一家人，不进一家门。你是什么样的人，就会找到什么样的伴侣。比如，你脾气糟糕的话，找的伴侣可能也不会温文尔雅、知书达理。哪怕阴差阳错，你们走到了一起也不会走到最后；就算将就着走到了最后，可能你们的日子也会过得憋屈。

小楠是我的大学校友，她长得漂亮，硕士毕业，曾是校园里的风云人物，男同学都知道中文系有她这样一个集才华与美貌于一身的女子。

令人吃惊的是，小楠参加工作一段时间后就嫁给了一位土豪。那位土豪要相貌没相貌，要学识没学识。

新婚燕尔，小楠的生活过得非常甜蜜，老公带她到澳大利亚度蜜月，从头到脚她用的无一不是高档货。后来，小楠怀上了孩子，她本以为自己的婚姻会特别幸福，没想到两个人最后竟以离婚收场。

原来，在小楠怀孕期间，老公经常外出"应酬"，很少有时间陪她，于是两个人之间的沟通就变得越来越少了。

有一次，小楠无意中看到了老公的微信聊天记录，这才知道他根本不是出去应酬，而是有了外遇。考虑到自己已经怀孕，小楠本想原谅老公，说只要他跟外遇对象分手，两个人还是可以重修旧好。

可没想到老公表面上答应得好好的，背地里依旧跟外遇对象藕断丝连。小楠第二次跟老公说起这个问题时，他摆出一副不耐烦的样子，丝毫不觉得自己做错了。她这才意识到，眼前的这个男人当初只是看上了自己的美貌。

李白也说："以色事他人，能得几时好？"这段婚姻只维持了两年，两人闹到法院才离了婚。

脾气决定你能否拥有好的伴侣或者婚姻，甚至，当你们有了孩子，你的脾气也会影响下一代。

几天前，姜大哥被他儿子的一句话差点给气死。

姜大哥做生意失败后，成了一个游手好闲的社会青年，除了一身的恶习，还有一副坏脾气。这一次，因为儿子考试成绩不好，老师把姜大哥叫到学校开家长会，要求他在家里监督孩子的学习。

回到家，姜大哥就对儿子罚站，开始耳提面命，什么难听地话都说。刚开始，儿子只是听着，并未反驳。可是骂着骂着，儿子不耐烦了，顶嘴说："你凭什么骂我，你以为自己很厉害吗？你还不是什么事也不做天天打麻将，要不是你老这样，我能不学好吗？"

这话听着就让人特揪心。

孩子天生就是这样吗？不是的，他是受了父母的影响——你的坏脾气不仅会影响自己的家庭，不知不觉中也影响了下一代。

朋友阿紫为人温和，很有修养，她的老公也是个讲道理的人，他们的孩子就特别懂礼貌。其实，小朋友懂礼貌是因为父母的言传身教。

看看阿紫，她似乎也没怎么努力，每天上下班按部就班地，做着分内事，但没过几年，她就水到渠成地升职加薪了。很多人都说她很幸运，但在我看来，那只是世界正在悄悄奖励像她这样脾气好的人。

2. 你的坏情绪里，潜伏着厄运

情绪越差的人，越走霉运。其中的内在逻辑
是，坏情绪里一定潜伏着厄运。

（1）

昨天我在路上看到一件事：一个快递小哥跟一个大胖
子杠上了，起因是两个人骑电动车时不小心撞到了。

这本来也不是多大的事，但大胖子怒气冲冲地骂道：
"你眼睛瞎啊！"

快递小哥当即回道："你会不会说人话啊？"

两个大男人剑拔弩张，谁也不想先低头，最后竟然扭打
到了一起，直接翻滚在尘土飞扬的马路上，样子特别狼狈。
后来，我们这些路人上前把他们拉开了，我一看，快递小
哥的脸上都流血了。最后，警察也赶来了。

你说这是多大点事？你让一步、我退一步，大家也就
相安无事了，这下倒好，竟然闹到了报警的地步！

不管你有理无理，打赢了还是吃亏了，在大庭广众之下打架，这事一点也不光彩。哪怕你有一千个理由，但作为一个正常人，你在街道上跟一个疯子对骂，人们只会认为你们两个都是疯子。

前段时间，小区邻楼的一个小伙子因为心情不太好，跟抢车位的邻居呛上了。结果对方说了几句难听的话，小伙子觉得面子上过不去，竟然拉开对方的车门，跟邻居扭打在一起。

过后，他们报了警。警察前来调停，小伙子挂了彩不说，还因自己先动的手赔了对方 3000 元。事后，他很懊恼："当时就是心情不好。"

很多事本来可以大化小、小化无，但就是因为没有控制住坏情绪，最后火上浇油闹大了。

无论是快递小哥和大胖子，还是打架的小伙子和抢车位的邻居，他们之间本来没有什么利害关系，但就是这样互不相干的人，因为一言不合就大打出手，伤人害己，实在是愚蠢至极。

如果要给这种现象找一个归因，那一定是控制不住自己的坏情绪。

坏情绪就像武侠小说中的邪门功夫，如果你不能控制的话，它不仅会对外界产生巨大的破坏力，激怒和影响到那些本来与你毫不相干的人，同时它所带来的坏影响也会反噬你自己。

情绪越差的人，越走霉运。其中的内在逻辑是，坏情绪里一定潜伏着厄运。

（2）

什么是坏情绪？

相对于快乐、放松等积极向上的正面情绪，心理学家把焦虑、愤怒、沮丧、悲伤等对人类产生消极作用的情绪统称为负面情绪。

很多人都知道，这些坏情绪不仅会影响我们的生活、工作以及人际关系，甚至还会直接危害身体健康。

科学家曾做过这样一个实验：把一胎所生的两只健康幼鼠分别安置于不同的生活环境之下，其中一只被单独放在一个笼子里，并在笼子外面放了一只花猫；另一只则跟鼠群放养在一起。

一段时间过后，那只跟鼠群一起生活的小老鼠长得又肥又大，它整天跟其他老鼠一起嬉闹玩耍，活得很开心。而那只跟花猫一起生活的小老鼠却长得又瘦又小，一副病快快的样子，不久便死去了。

原来，老鼠天生怕猫，当它天天面对可怕的花猫时，对方的威胁使它的精神时刻处于极度恐慌之中，这种强烈的负面情绪使它吃不好、睡不安稳，最后便抑郁而死了。

可见，负面情绪对身体健康有着很大的影响。

有的人觉得自己总是走霉运，事事不顺心，心情沮丧、焦虑，但他们根本弄不明白自己所走的每一次霉运、所承担的每一次后果，可能都是由糟糕的情绪引起的。

上周，同事赵敏开车时跟别人发生了三次剐蹭事故。其中，有一次她差点跟对方打了起来。

看到这里，你也许想说，女司机开车就是危险！其实，作为开车多年的老司机，赵敏的开车技术很棒，她很少发生剐蹭事故。那么，这段时间发生剐蹭事故是什么原因造成的呢？

原来，赵敏最近官司缠身，尤其令她难过的是，跟她闹上法庭的是曾经发誓一起白头到老的丈夫，为了房子和财产，两个人对簿公堂。想起从前的种种往事，赵敏是又悲痛又愤懑。这段时间，她的精神一直处于恍惚状态，做什么事都不顺心，看什么人都不顺眼，好像全世界都在跟她作对，厄运更是接二连三。

开车剐蹭也就算了，在单位里，因为一丁点的小事她跟同事大吵大闹，搞得形象全无。本来，总经理还打算安排她到分公司去挂职锻炼，结果她这么一闹，总经理直接让另一个人去了。

总经理把赵敏单独叫到办公室，提醒她说，工作是工作，生活是生活，如果她再公私不分，把生活中的负面情绪带到工作中来，她面临的可能就不是失去升职的机会，而是失业了。

不过，总经理顾念赵敏往日的功劳，体谅她在婚姻上的失意，所以决定给她放个长假，让她平复一下自己的情绪。

听到总经理这么说，赵敏才发觉自己的失态是多么的愚蠢不堪，但她谢绝了总经理的提议，并保证不会再感情用事了。自那以后，她就收拾好心情，决定以一个全新的自己面对生活。

当她想通以后，再看这个世界时，忽然觉得生活也没那么糟糕了。

（3）

人有悲欢离合，月有阴晴圆缺，谁还没有情绪低落的时候呢？但是，当有了情绪时，不管你多么地憋屈，甚至想要破口大骂，首先要想清楚下面两个问题：

第一，没有人会承担你的坏情绪。

别人不是你的情感垃圾桶，没有义务承担你的坏情绪。

如果你一生气就冲人发火、说话夹枪带棒的，对方一定会反击，因为他没有义务理解、包容你的任性。

当双方发生矛盾时，很快就会升级到大打出手，从而影响彼此的关系。你觉得因为坏情绪而失去一个朋友、失去一次升职的机会，值得吗？

第二，你的言行＝人格名片。

你的言行决定了他人对你的看法，如果你做事心不在焉、经常出错，领导会怎么看你，同事会怎么评价你？在别人的眼里，你就是一个很糟糕的人。

人们评价一个人，从来不会去考虑某一天他的情绪是好是坏，不行就是不行。这样看来，你的坏情绪已经不知不觉地成为自己职场上的拦路虎，从此以后，什么升职加薪估计你都没戏了。

所以，你要知道，每个人都有情绪，但发脾气只是本能，控制脾气才是本事。

前段时间，我跟囡囡谈起了情商的话题。她说，现在每个人把口是心非都说成是情商高——明明自己不乐意了，却还要对他人笑脸相迎，这样的人内心是有多变态？

我觉得囡囡有点幼稚，她根本不明白，如果一个人喜怒哀乐都形于色的话，只能说明修为不够。最重要的是，把坏情绪隐藏起来不是虚伪，而是一种美德。

我们生活在社会中，如果为了自己舒心、痛快，任由坏情绪随时随地暴发，比如在公交车上吃东西、大声喧哗，你一定会被别人厌恶和谴责。因为，你只明白在公交车上吃东西、说话是你的权利，却没弄明白不影响他人也是你不可推卸的义务。

小学时曾学过一篇课文名为《山的回声》，你对山喊道："我讨厌你！"很快就会听到山的回声："我讨厌你！"你对山喊："你好可爱！"山也会回应你："你好可爱！"

这个世界就像一座大山，你对它说的话最终都会反馈回来。可见，善恶因果并非毫无道理。

一个积极乐观、善于处理情绪的人，一定会收到世界善意的微笑；相反，一个浸泡在坏情绪中处处与人作对、看什么都不顺眼的人，世界往往也会回给他一记响亮的耳光。

（4）

面对坏情绪，我们不能任由它胡作非为，破坏自己的生活、工作和学习；更不能任由它放肆发展，给自己造成不可预料的严重后果。

我们无法避免坏情绪，但可以悄悄地自我消化。

委屈到极致，不妨大哭一场。痛哭是最好的宣泄方式，你可以找个好朋友哭诉一场，或者找一个野外不会打扰他人的地方大声地喊出来，然后收拾好心情再出发。

烦躁到极致，不妨找件事来做。当你静不下心的时候可以去锻炼，比如跑步、爬山、游泳，这不仅有利于健康，也能够排遣心中的郁闷。

恍惚到极致，不妨好好睡一觉。睡觉是自我修复最有效的方式之一，不管昨夜你怎样泣不成声，当你一觉醒来，世界依然车水马龙。或许昨夜你失望至极，但太阳升起的那一刻，昨天已经成为过去，你会满血复活！

罗·伯顿说："如果世界上有地狱的话，那就存在人们的心中。"坏情绪只会给你带来厄运，你必须学会控制它。遇事的时候，请你等一等；暴怒的时候，请你忍一忍。

当你无法控制坏情绪，那就静静地远离人群，让那些将要爆发的坏情绪像天空中的乌云一样慢慢地飘向远方。就像冯梦龙所言："怒中之言，必有泄露。"坏情绪是一头莽撞的恶龙，你不驯服它，它就会给你带来无尽的伤害。

美国励志作家安东尼·罗宾说："成功的法门就在于知道如何节制疾苦与欢愉这股气力，而不为这股气力所反制。若是你能做到这点，就可以把握住自己的人生。反之，你的人生将没法把握。"

当你的心情总是春暖花开，全世界都会对你温情以待。

3. 会与自己相处的人，才能走得更远

> 看一个人是否成功，不是看他登上顶峰的高
> 度，而是看他跌到谷底的反弹力。

（1）

每次回老家与母亲谈心时，她总是语重心长地对我说："一个人在外，一定要与人好好相处，只有让别人舒服了，别人才会让你舒心。人是群居动物，混得好的人就是你帮我、我帮他，大家帮大家。"

母亲说得没错，我们要学会与他人相处，让别人舒服了自己才会舒心。

你磨平了自己的棱角，与人为善、礼貌待人，全世界都会对你收起锋芒。相反，如果你总是以自我为中心，为人处世咄咄逼人、固执己见，这样，整个世界都会跟你过不去。

有人说，一个人有棱有角不好吗？如果大家都把棱角

磨平，都像鹅卵石一样光滑，那还有什么意思？

其实，这是很多人对个性的误解。

一个人活得像只刺猬，处处伤人伤己，这是莽撞。而真正的棱角不是在现实中说话不经大脑，处处与人发生摩擦，而是对自己的世界观、人生观和价值观的绝对自信。

只有将个性升华为思想上的特立独行，将技艺练至炉火纯青，那才是真正的有棱有角。被所有人讨厌的行为，永远也称不上个性，顶多是还未进化的野性，是无知的表现。

能够与世界很好相处的人，绝对不会混得太差，因为他们在前进的道路上很少会碰到阻力。但一个人想要在这条路上走得更远，和善是远远不够的，所以，一个人只有学会与自己相处，才能够走得更远。

外在条件可以让你舒适，但只有内在的力量才决定着你最终的人生高度。

（2）

对每一个人来说，想要取得非凡的成就走上人生的巅峰，外部的机会和各种人际关系非常重要。但要记住，外部条件只能是锦上添花，最终起决定作用的永远是自己。

因为，任何人在现实生活中都不会一帆风顺，更不会天生就具备征服天下的能力和才华。看看那些风云人物，你会明白：成就最大的人，往往是失败得最多的人；最具有能力的人，往往也是磨砺得最多的人。

一个人想要取得非凡的成就，就必须学会面对失败和积累经验，这一切都离不开与自己很好地相处。俗话说"人是三节草，三穷三富过到老"，人生之路，不就是起起落落的吗？

有人说过，看一个人是否成功，不是看他登上顶峰的高度，而是看他跌到谷底的反弹力。这种反弹力即是心理复原力，是一种重要的心理资本。

跌入谷底，可能是很多人都会面临的问题，尤其是那些不甘平庸的人一定会遇到的问题。我们耳熟能详的各行各业的大腕，大都有过这样的经历或体验：

作为一名年轻的电影演员，在取得一定的成就以后，突然之间没有人找他拍戏了；一个开公司的人，当公司达到一定的规模以后，突然之间出了投资失败、资金链断裂的问题。

一个人在人生谷底的反弹力确实重要，但很少有人懂得在人生谷底的时候应该如何与自己相处。因为，在人生谷底与自己相处的能力决定着反弹的力量。这时候，你是会自暴自弃、沮丧绝望、整天借酒浇愁，还是会学着安慰自己、过自律自强的生活呢？

前段时间，我看了一篇关于苏东坡面对人生谷底的文章。作为大家都耳熟能详的历史人物，苏东坡以文章、字画享誉天下，居过庙堂指点江山，入过市井劈柴喂马，两度被皇帝提拔重用又两度被贬谪。这样的人，如果不是懂得在人生谷底时如何与自己相处的话，早就自生自灭了。

那么，苏东坡在人生谷底时是如何与自己相处的呢？首先，如果不能立马改变现状，就要学会接受。这并不是安于现状，哪怕看不到希望，他依然可以过自律的高品质生活——自己种菜、做饭，每天读书、写字。其次，哪怕处于人生谷底，他也没有放弃努力和进步。

俗话说，山不转水转。你身陷谷底，不等于面临绝境，这时候，你只需要保护好自己，保持内心不灭的火焰，坚持学习与进步——哪怕从零开始，等到有一天峰回路转，你依然有机会给予命运一次漂亮的反击。

（3）

人生谷底是极少数人才能享受到的绝望，更多的人是在平淡无奇中丢失了自己。

相较而言，在人生谷底，一个人会显得更清醒。在这种情况下，我们要么会毁灭，要么就会反击。相反，生活的庸常却可能让我们得过且过，从而丧失志气。

所以说，很多人不是被困难打败的，而是被平淡击垮的——思想的石块，最容易被温柔的水滴所洞穿。

这个世界上 99% 的人都过着波澜不惊的生活，有的人活得越来越平淡，而有的人却活得越来越精彩。这其中的差别，就是我们在平淡的日子里与自己相处的结果。

把平淡的日子过得有滋有味，越过就会越有劲儿；把习以为常的好习惯坚持下去，越久就会越精彩。与自己相处，可以宽容但不能放纵，可以自信但不能骄傲。

马涛是我经朋友介绍认识的一名青年作家，只有高中文化，但他从一个平凡的打工仔逆袭成了一名畅销书作家。写作八年来，他出了四本书，同时还是多家知名期刊的签约作者。

这是因为，在打工生涯中，马涛没有像其他工友一样沉沦在平淡无奇的生活中。虽然他偶尔也会跟大家出去喝酒侃大山，但他对自己有约束：每个月买四本书并且坚持看完；每天坚持写 1500 字以上的文章。

几年过去后，积累发生了质变，他成功了。

只有那些在庸常的生活中懂得怎样才能出类拔萃的人，才知道心中有向往并努力坚持的意义。

在平淡甚至厄运连连的环境下，这样的人依然能够坚持自我，这并非他们得到了他人的鼓励，而是他们知道自己内心的渴望并能够坚持下去——哪怕孤立无援，他们也会坚持到最后。

他们不是石块，而是击穿石块的水滴，微小却有力量。

（4）

一个人之所以努力、坚持，往往是为了走上人生巅峰，享受成功的喜悦和生命的丰盛。当你处于高位时，要学会调整自己，得意而不忘形、成功而不忘本。你应该记住自己的梦想、自己的方向，而不是沾沾自喜，忘了初衷。

这样的反面例子有很多，甚至都没有列举的必要。

其实，人生不管是在高位还是处于平淡中，甚至落入谷底，一个人的本心应该是不变的。龙入大海是龙，龙搁浅滩也是龙，一个人不应该因环境的变化而放弃自己。

不管处在什么层面上，我们都必须学会与自己相处——认识自己，了解自己，而不是变成自己的陌生人。对任何一个人而言，最可怕的不是他忘了亲友，而是忘了自己是谁。

与灵魂相处，没有谁会告诉你该怎么样、不该怎么样，只有灵魂才知道答案。

记得电影《肖申克的救赎》中有这样一个场景：安迪被监狱长关了一个月的禁闭，那是个暗无天日、只有老鼠做伴的地方，一般人无法忍受，但他熬了下来。

当安迪被释放后，瑞德看着他说："难以置信，你竟然挺过来了。"

安迪指着自己的脑袋回答："有莫扎特陪着我。"

一个能够与自己很好相处的人，他是自己的伯乐和战友。虽然孤身一人，他读过的书、遇到过的人、经历过的事，都会化为支撑自己的力量，犹如万马千军，战无不胜。

意大利著名导演费里尼说："要拥有很多内在资源才能享受独处。"一个学会了与自己相处的人，他会有独立的灵魂——自己温暖自己，自己支持自己，自己成全自己。

有一名北漂在追梦成功后对记者说："曾经有一段日子，在北京地下室的出租房里我一个人孤立无援，但是，每天我都会对着镜子微笑，告诉自己：某某某，你要坚持下去，相信好日子很快就会到来！"

这大概是与自己相处最直接的表达方式，因为一个人只有对自己才会永远不离不弃。

孤独而不寂寞，因为有信仰相伴；从众而不盲目，因为有梦想指路。因为懂自己，所以能够"富贵不能淫，贫贱不能移，威武不能屈"。

不忘初心，砥砺前行，才能走得更远。

4. 人品决定人心，体现在生活的细节里

一个道德优质的人，可以给我们带来福气；

一个品性恶劣的人，只会给我们带来灾难。

（1）

人们常说，路遥知马力，日久见人心。但这句话对某些人来说不太正确，毕竟人生没有彩排，当你知道人心以后，可能已经付出了惨重的代价。

就拿我的表妹来说，几年前她寻死觅活地非要嫁给小姜，几年后又闹得死去活来才离了婚，并且还带着一个两岁的孩子。用她的话说，结婚之前小姜对自己各种好，结婚之后就像变了个人，赌博、喝酒，输了醉了都拿她出气。

起初她提出离婚时，小姜不同意，甚至威胁说，如果她敢离婚就杀了她。

她哭着骂道："你就是条疯狗！"两个人闹到了妇联，又闹到了法院，几经波折才离了婚。

姨妈说，她心疼表妹，但一点也不同情她，因为当初她不听劝告。

表妹说："结婚前他好好的，谁知道结婚后他变了呢。如果我早知道他是这样的人，当初打死我也不会嫁给他！"

姨妈不以为然。

其实，一个人的品质除非受到重大的刺激，否则不可能突然就变好，或者突然就变坏——那些品行不好的人，在之前的生活中一定潜伏着恶习的种子。

就拿小姜来说，在跟表妹结婚之前，他所有的恶习一直都存在。比如：他经常跟别人打架斗殴，只是那时候他打的是别人，表妹觉得他非常有男子汉气概；他喜欢赌钱，但因为没结婚时两个人的经济都独立，所以当时表妹觉得无伤大雅；他喜欢喝酒，常常跟一帮兄弟讲义气，表妹当时觉得这是他混得好，朋友多。

但恶习终究是恶习，它反映着一个人低劣的人品，还暗藏着无穷的后患。

（2）

其实，在现实生活中，并不是日久见人心，而是当我们受到伤害后才会发出这样的感叹。与其说是"见人心"，不如说是受到了教训。

影视剧中经常会出现这样的情节：一个隐藏本性的朋友最后暴露了真面目，露出獠牙，举起屠刀。这时候，受害者都会绝望地说："日久见人心，今天我才知道你竟然是这样的人！"

你虽然见人心了，但也为此付出了代价。

当然也有相反的例子，比如平时一个不讨人喜欢的人，在关键时刻帮了你。这当然令人欣慰，但等到最后你才发现别人的好，对方是不是太委屈了？所以，等到"日久才见人心"，这是一件代价很大的事。

事实上，就像姨妈讲的那样，一个人除非受到重大事件的影响，否则他的人品不会突然发生改变——毕竟人品虽然看不见摸不着，但根深蒂固。还是俗话说得好：江山易改，本性难移！

如果你是个有心人，可以观察一下与你关系密切或者可能产生密切关系的人，那样你就很容易发现他们的特点——从他们的举手投足之间，你基本可以总结出他们的人品。

也许有人会说，比如人家在跟你谈恋爱时，当然只会表现自己优秀的一面。话虽如此，但一个人在生活中可以掩饰一时，不会掩饰一世——哪怕他有意掩饰，本性也会自然而然地流露出来。

（3）

从细节上看人，这是一个古人早就深入阐述过的问题。甚至，古代的皇帝为了选拔优秀的人才为朝廷服务，更是煞费苦心。因为，作为普通人来说，看错一个人可能会痛苦一时或者毁了一世，但对皇帝来说，用错一个人可能会造成国家的灾难。

对于人才的选用，姜子牙和周文王有过这样一段精妙的对话：

姜子牙说："选拔人才有六个标准，分别是仁、义、忠、信、勇、谋。"

周文王疑惑地问："怎么才能谨慎地选择达到这六项标准的臣子呢？"

哪怕在今天来看，姜子牙的回答依然具有深刻的借鉴意义："使他富贵，看他是否恃才而逾越本分；让他地位显贵，看他是否自满、放纵；交付他权力，看他是否仗权专断；派他出使别国，看他是否有所隐瞒；使他处于危险的境遇，看他是否临危不惧；让他处理烦琐的大事，看他是否方略无穷。"

古人在选人、用人方面是颇具智慧的，虽然我们未必有机会指点江山，但可以借鉴这样的思维方式。比如，你

决定跟某一个人共度一生，就应该了解他；你决定跟一个
人深度合作，也应该了解他。

如果你不了解对方，就毫无保留地对他全盘托出，结果
只会让你悔不当初——等到你饱受婚姻的折磨，你已经吃
了大亏；等到你被他人欺骗，钱财被席卷一空，悔之晚矣。

所以，学会知人、识人，可以防患于未然。

（4）

我曾有一个同事，他接人待物彬彬有礼，像他这样的
人，一般人根本看不出他的缺点。有一次周末逛街，我竟
然看到他在怒骂自己的母亲，我因此断定他的人品不佳。

一个连自己母亲都骂的人，说明他冷漠、不懂感恩。
一个连自己母亲都骂的人，我们应该能想到他会如何对待
他人。后来，他结婚了，不出所料经常对妻子家暴。

所以，他在外人面前表现得彬彬有礼，不过是跟大家
不熟，不敢造次罢了。

记得以前看过一部香港电影，夫妇俩为了考验未来女
婿的人品，于是设局打麻将，并在牌局上观察他。

牌品即人品，从牌局上大概能看出一个人的品性和教
养，这几乎是很多人的共识。

有的人打牌动作很大，只顾自己，这样的人性格粗暴，

为人自私；有的人赢了钱眉飞色舞，输了钱便垂头丧气，这样的人非常情绪化，易被环境所左右；有的人喜欢赖账，输了总是欠着，赢了照单全收，这样的人不耿直，唯利是图；有的人输得起也赢得起，总是气定神闲，这样的人一般有好的修养。

牌局中有众生相，可以反映出一个人的性格和人品。比如，有的人一有重要的事情，说走就走；有的人一旦坐下来，怎么拉都拉不动。

这说明：前一种人非常自律有原则，懂得孰轻孰重。而后一种人呢，自控力非常差，并且为人贪婪，赢了想再赢更多，输了想再赢回来。这样的人打牌如此，做其他事当然也容易沉溺其中。

生活中的很多细节都可能表露人品问题，想要看清一个人，只要注意观察就行了。

（5）

人品决定行为，如果一个人的人品不好，在面对困境的时候，他最糟糕的本性就会毫无保留地爆发出来。

之前，他可能只是喜欢喝酒，一旦陷入困境就可能变成酒鬼；之前，他可能只是不尊重父母，一旦有了矛盾就可能发展为拳打脚踢；之前，他可能只是喜欢小赌，一旦陷入其中就可能铤而走险去犯罪。

如果一个人有良好的人品，生活再怎样发生变化，他都不会表现得太差。

相反，如果一个人的人品不好，顺境时他会喜笑颜开；可一旦陷入逆境，他所有的劣根性就会表露出来。生活是细水长流的，谁又能保证事事顺心呢？

姨妈说："结婚前，要把他所有的缺点放大一百倍看，优点要缩小一百倍看。"

这话虽然说得比较偏激，却是谨慎对待人生的正确态度，毕竟有的事情可以从头再来，而有的事情我们输不起。一个人应该知道什么事可以将就，什么事不能妥协——生活的小事不妨难得糊涂，这无伤大雅，但在重要的抉择面前，我们应该擦亮自己的眼睛。

人心虽然难测，但人品不难测。

不管是寻找生意上长期的合作伙伴，还是选择一生相濡以沫的伴侣，一个道德优质的人可以给我们带来福气，一个品性恶劣的人只会给我们带来灾难。

5. 如果人生的路走错了，请重新选择

> 职业的选择可能只会影响你一时，但人生态
> 度决定着你的一生。

（1）

有一天，侄女突然问了我一个问题："人生如果走错了路，该怎么办？"

我以为这小丫头片子遇到什么大麻烦了，心直口快地回答："你是不是误入歧途了？那赶紧给我悬崖勒马！"

她笑着说："你想哪儿去了。我参加工作都快一年了，觉得这份工作不是自己喜欢的。当初我妈也是的，选什么专业不好，偏偏让我学会计。其实，我想当一名导游，天天可以免费去旅行。现在呢，朝九晚五的，干着特别没劲的工作——我那么年轻，特不甘心这样将就一辈子。几天前，我有个同学放弃了会计专业，去影楼当了摄影师助理，这件事对我刺激挺大的。"

原来是这么一回事!

人生走错了路,一般可以分为两种:一种是误入歧途,那可能会造成恶劣甚至毁灭性的后果。这样的错路是必须立马停止去走的,因为停下来越早,造成的危害越小。

另一种就是侄女那样的疑虑:如果职业之路走错了,该怎么办呢?

关于这个问题,很多人也许会直截了当地说:"如果你的职业方向错了,停下来就是进步。"

其实,有些人觉得自己走错了路,可能只是因为不喜欢目前的状态;或者在工作中遇到了麻烦,一时备感乏力、困顿而已。如果让他们马上换工作甚至换行,未必就是正确的。因为,换行之后,他们可能很快会遇到类似的问题。

毕竟不管从事什么工作,一帆风顺到没有任何阻碍是不可能的。其实,我们不仅在工作中会遇到很多问题,情绪也会因为生活中的大事小事而受到波动,这是人之常情。

但是,我们不能一遇到问题就想改弦易辙,毕竟,哪怕是打游戏,我们也有力不从心的时候。这就好比两个人在谈恋爱,不能一吵架就马上分手,因为爱情需要磨合。分手之后,你会找到比现任更好的对象吗?不一定!

工作也一样。如果你轻易跳槽,也是对自己不负责任的表现。换工作之后,你能比现在混得更如鱼得水吗?不一定!

（2）

如果你问我，人生走错了路该怎么办？我觉得，首先你要弄明白，自己是不是真的走错了路。

如何判断自己是不是真的走错了路，这是一个综合性的问题，远远不能以自己的喜好作为评判标准。虽然"喜欢"是其中一个非常重要的指标，但不是唯一的。

首先，你要充分考虑自己现在从事的行业，是不是自己打心眼里厌恶的，一丁点也不喜欢。其次，你还要分析自身情况，你是不是特别不适合干这份工作，比如哪怕你百分之百的努力了也没有取得任何成绩。最后，你还要考虑，这个行业有没有发展前景。

这么一分析，结果很快就出来了：如果你真的特别讨厌一份工作，或者提不起一丁点的兴趣，再做下去就会疯掉，那就没什么可说的了，你确实应该放弃。同样的道理，如果一份工作没什么前途，那也可以放弃。

如果你不是特别讨厌一份工作，而且行业前景比较好，不妨继续做下去。这个世界上，有很多人都在从事着自己并不是很喜欢的工作，随便问一问身边的人你就会知道，可能没几个人会说自己对现在的工作十分满意。

你不是很喜欢这一份工作，但这并不妨碍你在工作中取得成绩。所以，是否从事自己喜欢的事业，从来都不是能否取得成功的关键，甚至与此无关。

封建时代，人们的婚姻奉行父母之命，与两个人是否喜欢对方没有一点关系，但这并不妨碍他们结婚后家庭的和睦。因为，家庭和睦的关键在于两个人相处的方式。

（3）

美国著名的心理学博士艾尔森对世界上 100 名各领域中的杰出人士做了一项问卷调查，结果让他非常惊讶：高达 61% 的成功人士说，他们所从事的职业并非自己最喜欢做的，至少不是心中最理想的。但他们之所以成了杰出人士，就是因为把自己不喜欢的工作做好了。

这说明一个问题：即使是自己不喜欢的工作，也能够做出成绩来。

出身于音乐世家的苏珊非常喜欢音乐，却阴差阳错地读了工商管理专业。尽管自己不喜欢这个专业，但她学得很认真，各科成绩都特别优异。

毕业后，苏珊被保送到麻省理工学院攻读 MBA，后来她又拿到了经济管理专业的博士学位。

如今，已是美国证券业界风云人物的苏珊依然心存遗憾：“老实说，至今为止，我仍说不上喜欢自己所从事的这份工作。假如能够重新选择，我会毫不犹豫地选择音乐，但我知道那只能是一个美好的‘假如’，现在我只能把手头的工作做好。”

艾尔森博士问她：“你不喜欢自己的专业，为何学得那么棒？不喜欢眼下的工作，为何又做得那么优秀？”

苏珊回答：“这是我应尽的职责，我必须认真对待它。不管喜不喜欢，那都是一定要面对的，没理由草草应付。那是对工作负责，也是对自己负责。”

这个故事告诉我们：很多人的成功与“喜欢”无关，而是在于对待工作的态度。有的人做着自己不喜欢的工作，能敷衍则敷衍，能应付则应付，这样的态度是永远也不会做出成绩来的。并且，当这种态度形成习惯以后，职业生涯基本上也就完了。

与其说是我们人生的道路走错了，不如说是自己错了。相对来说，职业的选择、工作的环境都只是非常表面的人生道路，真正的人生道路在于自己的价值观——对事、对人、对己的态度。具备正确的人生态度，不管做什么，相信都不会太差。

因为，职业的选择可能只会影响你一时，但人生态度决定着你的一生。

（4）

最近我一直在思考这个问题：对任何一个人来说，到底什么样的道路是正确的，难道仅仅是喜好吗？

我觉得不是。比如，那些自由恋爱的情侣，当初爱得恨不能两个人像泥巴一样捏在一起，最后也可能会相互厌恶。再如，哪怕你非常喜欢一份工作，未必能一辈子都喜欢它，也可能会在某一天另谋高就。

每个人的工作专长和意向并不是单一的，我们适合从事的职业不会仅有一种，所以，也没必要过于狭隘地定义自己的人生方向。

实际上，在职业的选择上，人生没有所谓对的路或者错的路，毕竟，人生的路并不像现实中的路那么简单。如果说人生也存在目的地的话，那其实是遇见最好的自己——如果不走到最后，你根本不知道最好的自己在哪里。

任何一条路，都可能让我们遇见最好的自己，但这条路并不会坦坦荡荡地存在，甚至根本就没有路，需要我们去摸索、去开拓。就像鲁迅先生说的那样："地上本没有路，走的人多了，也便成了路。"这样的路，根本没那么容易走。

与其总是纠结于自己的人生方向，不如去质疑自己的人生态度。天下大道，殊途同归——我们心心念念的理想职业与自己现在从事的职业，未必不会在未来的某一天产生交集。

不管做任何事，哪怕终究风马牛不相及，最终的意义都是获得物质保障和内心的充实。要相信，如果一个人真正倾情投入到一份工作中去，他不仅会创造出辉煌的成就，甚至还会因此而爱上它。

很多时候，我们不喜欢一种事物并不代表它不好，可能只是我们不能够理解它的妙处——就像一个乐盲，无法欣赏高山流水；一个画盲，无法领域丹青妙意。

你以为自己走错的那条路上没有风景吗？也许你只是还没有学会欣赏而已，毕竟，生活从来不缺少美，而是缺少发现美的眼睛。世间万事，皆同此理。

（5）

如果你觉得现在的道路是错误的，其实也没必要沮丧。每个人都有选择的权利，如果你有勇气和资本的话，不妨大胆地尝试去重新选择，而不是为这个问题所困扰。

如果你由于种种原因而举棋不定，那些你自以为是的借口往往都是以心为形役，自己限制自己。这时，你不妨坚持做原来的工作，因为哪怕你重新进行了选择，新工作也未必适合自己。

我告诉侄女："做自己喜欢的事情，并把它做得漂亮，这是理所应当的；做自己不喜欢的事情，并把它做得漂亮，那才是本事。"

人生从来没有一条现成的路，只要你做得足够好，再长的路其实都不远。

敢于做自己喜欢的事，对自己不喜欢的事说"不"的人，我们欣赏他的勇气，也羡慕他的资本。但这个社会更需要的是，那些做着并非自己理想中的工作，却脚踏实地做出成绩来的人。

这个世界上，永远都不存在选错了人生方向的失败。因为，对于一个踏实肯干的人来说，哪怕走错了路，他也会在这条错的路上做出大文章来。

相反，这个世界上一切的失败都是性格和做人的失败。如果你总是见异思迁，浅尝辄止，哪怕你按照自己的内心选择了人生方向，最后也会由于种种原因做得不尽如人意。

路，从来没有对或错，都是我们一步步走出来的。

6. 优秀的你，最重要的是学会证明自己

> 站在机会面前，替你说话的永远只有一种东西——注入了你的心血、展示了你的才华的作品。

（1）

为了写抗日题材剧本，最近我在研究各种特工资料。虽然最后我没有什么研究成果，但收获了一句感慨：所有的特工都是人才！

真的，特工这种差事不是每个人都能做的，至少不是一般人能做的。他们最了不起的地方在于，实际上是在做两份工作，并且都能完成得特别出色。

表面工作，如果你做得不出色就得不到重用，搜集的情报也就没有多大的价值。就拿《无间道》来说，一个外围小马仔，一般是无法获得黑社会各种毒品交易情报的。

暗地里的工作，如果做得不出色，轻则无法帮助组织获得机密情报，重则会被揪出来，丢了小命也是分分钟的事。

虽然卧底生活是神秘的，但我一点也不羡慕他们的精彩。卧底生活的刺激，往往只是旁观者自以为是的刺激，对当事人来说，其实是如履薄冰的孤独，是拿命在拼的杀机重重。

很多人工作一天后，到了晚上就会没心没肺地睡一觉。但卧底呢，哪怕再苦，甚至身负重伤，也要抓住机会开始真正的工作。

他们累吗？血肉之躯怎么会不累！但再累也要工作，因为使命在召唤，任务要完成——生死尚且可以度外，累点又算什么！

有两种人可以成为卧底：一种是身不由己，有把柄在人家手里攥着；另一种是有信仰的人，他们心甘情愿，九死不悔。不管是被逼的还是心甘情愿的，卧底之人都是披着平常外衣做着非常之事。

此时，我想到了理想。作为普通人，我们成为卧底的机会微乎其微，比如潜伏敌营十几年的生活，你想体验也体验不了，但从特工身上，我看到了一种追梦的精神。

我想起之前看到的一篇报道，说有一个年轻人为了追求所谓的梦想，出走十年不回家。但是，在他追求梦想的城市里，他一直都只是一个普通的打工青年，并没做什么与梦想有关的事。

　　如果说离家出走就是追求梦想，那你知道梦想在什么地方吗？梦想不在某一座特定的城市，对我来说，北京只是一座城市，上海也只是一座城市，深圳依然只是一座城市——梦想与城市无关，它扎根在一个人的内心深处。

　　就像俄罗斯作家索尔仁尼琴，他的写作是随时随地的——他可以在工厂里写作，也可以在旅途中写作，还可以在监狱里写作。因为，写作是他的生命，他的写作不需要特定的地方。

　　当然了，我并没有否认环境对一个人的影响是巨大的。按道理来说，鹰击长空，鱼翔浅底，驼走大漠，在适合自己的环境里它们才能发挥天性，展现生命的极致。只是，并非所有的愿望都会让你称心如意，比如虎会落平阳，龙会遇浅水，英雄也会出生在寒门，天才未必不会诞生在农家。而这些，不应该成为影响你追寻梦想的借口，更不应该成为你逃离故乡、抛弃责任的理由。

　　所以，我觉得一个十年不回家的追梦者一点也不值得尊重。

　　在我看来，每一个心怀梦想的人都应该有一种特工的品质，在生存与信仰之间做到应付自如——为了生存，像普通人一样兢兢业业；为了梦想，在八小时以外锲而不舍。

　　也许有人会说，一方面要认真工作，养家糊口；一方面还要为了追求梦想殚精竭虑，这也太苦太累了，这是人干的吗？还有人生乐趣吗？

如果怕苦怕累，你追求什么梦想？梦想是很奢侈的东西，它不是随便就能实现的——如果随便就能实现，它根本就不足以叫作梦想。

我一点也不喜欢那些把自己逼得人不人、鬼不鬼的追梦者，他们看着悲壮，实则滑稽。所以说，保护好自己，也是每一个追梦者的责任。你把身体搞坏了，实现了梦想又能怎样？你把家人的心伤透了，实现了梦想又能怎样？每一个追求梦想的人，最根本的立足点应该是家人的心安，不然，你的梦想可能只是遐想。

在我看来，很多梦想未必需要背井离乡，尤其在你还没有做好一鸣惊人的准备时。你只需要静下心来，像一名优秀的特工，一方面做好本职工作，保护好自己和家人；一方面暗中积蓄力量，十年磨一剑，让你的能力撑起自己的野心，在遇到机会的时候能尽量抓住它。

（2）

几年前，我跟女友不在同一个地方工作，每年我都会辗转几千公里跟她约会，而且一年不止一次。国庆、元旦等节假日最好不过了，没有节假日就想办法找借口请假。

累吗，肯定累！但是，比累更让我心动的是跟女友在一起时每分每秒的愉快时光。所以，哪怕再苦再累，哪怕万水千山，只要能跟她相会，我不会错过任何机会。因为，思念不会偷懒，真爱会克服一切。

《呼啸山庄》的作者艾米莉·勃朗特，每天除了写小说，还要承担洗衣服、烤面包、做菜等繁重的家务。每次在厨房里干活的时候，她都会带着铅笔和纸张，只要一有空隙，她会立即把脑海里涌现的句子写下来——哪怕再忙再累，她也不想错过那些灵光一现的句子。

美国作家杰克·伦敦的房间里，无论窗帘、衣架、橱柜，还是床头、镜子，到处都贴着小纸片，每张小纸片上都写着各种美妙的词汇、生动的比喻、有用的资料。他把纸片贴在房间的各个部位，是为了在起床、穿衣、刮脸、踱步时，随时随地都能看到和记诵。

司马迁在《史记·滑稽列传》中写道："国中有大鸟，止王之庭，三年不蜚（通"飞"）又不鸣，王知此鸟何也？"王曰："此鸟不飞则已，一飞冲天；不鸣则已，一鸣惊人。"

每一个心怀梦想的人都应该做到这样，而不是心浮气躁地到处去找机会，以为有机会了你就什么都有了。

事实并不是这样。我们不缺机会，只缺才华。

电影《风声》里，特工在身负重伤的情况下依然会想方设法地完成使命，为什么？因为那是真正的信仰，一个人只有拥有真正的信仰，才能做到将生死置之度外，无可阻挡。

《赛德克·巴莱》的导演魏圣德，在没有成为导演之前只是一名退伍军人。他学习写剧本、画草图，愣是从一个没有任何美术功底的人变成了绘画高手。

站在机会面前，替你说话的永远只有一种东西——注入了你的心血、展示了你的才华的作品，永远没有人会对一个自夸才华横溢却没有任何真材实料的人感兴趣。

潜力股太多了，放眼社会，人人皆是，但人们希望看到的是马上就能够展示的硬实力。有人说，只要给他机会，他可以在做的过程中学习和成长——你当公司是学校吗？你交学费了吗？别傻了，没有人跟你有那么好的交情，可以像你的父母一样无私地培养你。

再说了，如果一个 10 岁的孩子告诉你，他将会成为世界上最厉害的拳击手，但是请你培养他，你愿意进行这样的投资吗？这听起来是不是太荒谬了？

现在，有些人把潜力错以为是实力。其实，潜力在还没有展现出来之前，大都只是自我感觉良好罢了，没法变现。请你醒醒吧！在还没有硬实力的时候，应该静下心来做一名梦想的卧底，兢兢业业，暗自努力，期待有朝一日一飞冲天，一鸣惊人。

最能盛装梦想的东西是心，不是城市。如果你没有好的表演功力，就算去横店漂一辈子也只是路人甲。

（3）

我有个朋友四处闯荡，有次我问他最喜欢哪一座城市，他说是北京，因为北京足够大，能装得下他的野心。北京确实很大，但他只能蜗居——你还没有能力征服它，它就不是你的！

既然这样，何不做一名梦想的卧底？

那既可以让我们检验自己对梦想的坚定程度，也是面对世俗最好的处理方式——进一步可以功成名就，退一步可以保证安稳的生活。你没必要为了所谓的梦想背井离乡，除非你的梦想非得到那个地方才能实现不可，除非你的选择不会伤害到家人。

因为，一个人除了梦想，还有责任。而很多所谓为追求梦想而背井离乡的人，并不是真的为了追求梦想，而是在逃避责任。甚至，在梦想这个问题上，他们仅仅是妄想投机取巧的懦夫，有道是："慷慨赴死易，从容就义难！"

梦想的卧底，才是追梦路上真正的英雄。

梦想路上真正的勇士，远比粗暴的追梦者更坚韧、更理智，他们隐藏在这个庸碌的尘世中，是农民，是工人，是教师，是个体户……他们愿意比他人付出更多的努力，就像从事地下工作的特工一样——或者穷其一生并无所获，或者有一天终于等到云开日出取得令人惊叹的成就。不管怎么说，这样的人有责任、有梦想、有担当，他们才是这个社会最需要的栋梁。

《孤独的人是可耻的》，这歌名特别能打动我——你孤独你了不起吗？你有梦想你厉害吗？更厉害的人正怀揣着梦想朝九晚五，养家糊口，熬更守夜，暗自奋斗呢！

7. 请你撕掉善良的标签

在这个功利的世界里，"善良"不再是一个具有优势的标签，相反，它成了被他人进行道德绑架的筹码。

（1）

最近我热衷于写心灵鸡汤文，朋友 H 问我："你是不是觉得自己写的都是真理？"

　　H 的这个问题让我有些猝不及防，片刻之后，我回答他："对我个人而言，是的。但是，人的思想有局限性，因为每个人都有自己的判断标准。所以，我写的是道理，不是真理。"

　　记得以前在做活动策划的时候，公司领导常说的一句话是："馊主意也是主意，你们有什么想法、意见都说出来听听——说出来了，大家碰撞碰撞，说不定好主意就出来了。"

　　这个理念特别好。我们从来不怕糟糕的主意，就怕没主意。

　　读书也是这样，所以我特别喜欢读两种书：一种是光芒万丈的好书，读之如醍醐灌顶，让人耳目一新；另一种是特别糟糕、思想偏激的书。

　　你可以把第二种书当成反面教材来看，那也能引起自己的思考。你把那些书里糟糕的思想都批驳一番，美好的事物就出现在自己的脑海里了。就算你没有任何收获，它们还可以十分"励志"——看过之后，你会收获满满的"自信"：这样的书我也能写！

（2）

　　最近我喜欢反思小时候看过的故事，并得出了一些非常有趣的结论。这让我明白了一个道理，成年人也可以读小学生的课文，它们不幼稚也不浅薄——你能把它们读到什么程度，完全得看自己的悟性。

　　还记得《农夫和蛇》的故事吗？农夫救了蛇，却被它反咬了一口。这个故事告诉我们：你的善良必须有点锋芒，否则将会为此受伤害。

　　一位朋友跟我发牢骚，说昨天去看电影，进场的时候她晚了几分钟，发现自己的座位被一个小男孩占了。

　　她提醒那个男孩的妈妈，希望能调换一下位置，不承想，对方冷冷地说："孩子小，得挨着我坐。旁边不是还有两个空位吗？你坐那儿吧。"

　　朋友虽然生气却又不好发作，只好忍气坐到旁边位置上。几分钟后，一对情侣进场后对她说那个位置是他们的。朋友只好再次要求那个男孩回到自己的位置上，那位妈妈竟然一脸的不满，似乎被占位置的人是他们一样。

　　自从去日本留学以后，总有人给 S 姑娘留言：

　　"听说你下个月回国，帮我带一瓶 RMK 的粉底液。"

　　"前段时间日本的电饭锅特别火，说蒸的米饭特别香，你帮我买一个。"

"××品牌的鞋子只有日本在卖，你帮我买一双玫红色的，37码。我在网上查过价格了，差不多要1800元，你先给我垫付一下。"

我们聊天时，S姑娘给我发来了消息："你知道买那些东西多麻烦吗？那些口红的品牌、色号，鞋子的颜色、尺寸，我甚至都分不清！而且，我还要跑各个商场，价格上有偏差了，他们心里还得怀疑我是不是加价了。

"我的那个初中同学特别可笑，她想买的鞋子在网上查的价格是1800元，专柜里卖2300多元，她竟然问我：'为什么你买的价格与代购价格不一样？'我真想抽她一巴掌——我是留学生，不是代购啊！

"还有那个让我带电饭锅的朋友，我对她说：'我不能帮你买了，因为我的行李箱快超重了。'她居然说：'不就是一个电饭锅，能有多沉？要不是因为咱俩关系好，我能让你帮我带吗？真没想到你是这种人，连这么点忙都不帮，白认识你了。'"

S姑娘气得牙痒痒："她说我是'这种人'，我还想问问她是什么人呢，这是赤裸裸的道德绑架！"

我能想象到S姑娘在电脑前咬牙切齿的样子，我回复她："肯定是平时你脾气太好了，才会被人当成软柿子捏。"

（3）

在这个功利的世界里，"善良"不再是一个具有优势的标签，相反，它成了被他人进行道德绑架的筹码。

如果农夫没有救那条蛇，别人会说："看，这个人多狠心，蛇奄奄一息了他都不愿意伸出援手！"但是，蛇的反咬一口和电影院占座的妈妈，怀疑 S 姑娘加价的同学、夹枪带棒说她是"这种人"的朋友，以及那些嘴里说着"哎，他那么可怜，你就帮帮他"的旁观者，都是在借用别人的善良进行道德绑架。

可怜之人必有可恨之处，在你想要善良地对待他人之前，请先为自己的善良装上牙齿，因为无畏付出 ≠ 无谓付出。

聪明是一种天赋，而善良是一种选择。

你可以选择给别人让位子，选择帮朋友代购物品，同时你也有选择拒绝的权利——想帮谁，怎么帮，你都应该自己选。

8. 你可以放弃梦想，但不能放弃自己

> 能否实现梦想不是判断一个人成功或失败的
> 标准，甚至不是判断一个人是否幸福的标准。

（1）

国庆假期，我跟老朋友 K 见了一面。令我诧异的是，K 现在是某大型国企的中层领导，而不是曾经我们一致以为的成为一名歌唱家。

K 是我的高中同学，学生时代的他可是校园明星，每次学校有文艺活动，他都是其中的焦点。高三那年，他还拿到了全省中学生歌唱大赛的冠军。我们都认为，音乐是 K 的未来。他也不止一次地表示，他要成为一名歌手。

后来，K 考上了音乐学院，在梦想的道路上，他走得顺风顺水。但开端美好并不代表以后会一路坦途，K 说，当他上升到更高层面之后，发现天外有天、山外有山，身边的人一个比一个优秀，竞争也越来越激烈。

更令他沮丧的是，无论自己怎么努力，哪怕一天练20个小时，似乎都无法再提升自己的水平了。就像短跑运动员一样，当速度快到一定程度之后已臻极限，哪怕想提升0.1秒都是不可能的。

毕业那段时间，他特别沮丧。当身边有的同学签约经纪公司出了唱片的时候，他只能听从老师的建议，到西部一所中学去当音乐老师。不过，他不死心，没过几个月又只身来到北京，在酒吧当了一段时间的驻唱歌手，但也没有发现任何逆袭的机会。

他又去拜访老师，老师给了他一个很中肯的意见："一个人最终成名与否有很多的影响因素，如果就天赋而言，你很难在这个行业里取得像其他同学一样的成就。"

那段时间，K心灰意冷，整天酗酒，他觉得自己的梦想完了，人生也完了。

有一天，老师找到他，扬手给了他一巴掌，说："我当了二十多年的老师，教过那么多的学生，他们哪一个当初不是怀揣着美好的梦想，但又有几个人实现了自己的梦想？

"对于人生来说，梦想是美好的憧憬，但那不代表一切——能否实现梦想不是判断一个人成功或失败的标准，甚至不是判断一个人是否幸福的标准。这条路堵死了，你还可以选择另一条路——要是鼠目寸光，不停地钻牛角尖，

明明力不从心还要勉强自己，那你的人生才是真的没有
希望了！"

老师苦口婆心地点醒了 K，他这才明白，梦想是可以
放弃的，但永远不能放弃自己。

（2）

K 说，他感谢这位老师在毕业之后还给自己上了人生
最精彩的一课。几天以后，他去了一趟理发店，把自己作
为文艺青年标志的一头长发剪掉了。

K 的性格外向，颇有组织能力，觉得自己适合做群众
工作。既然不能在音乐的道路上更进一步，那就选择一个
最适合自己的行业好好发展——不能实现梦想，还可以追
求实现自身的价值和人生的幸福。

K 本来打算考公务员，后来无心插柳进了大型国企。

一个不放弃自己的人每天都会做什么？那就是：努力
让自己进步，成为一个更好的人。

进入公司以后，K 对自己提的第一个要求是，不能让
自己上下班急急忙忙的，每天要提前半个小时到公司。

K 所在的公司从事金融业务，核心业务并非他的专业，
这对他的事业发展来说是个大问题。但他觉得自己要想发
展得好，必须把这一块的基础课补上。于是，在工作了一

段时间后，他开始读 MBA 课程。

你看，虽然 K 没有成为专业歌手，但在公司里成了佼佼者。

K 充分发挥了自己的优势，在公司的各种文艺活动中积极表现，很快就向全公司上下成功地推销了自己。参加工作七年，他经历了三次提拔，现在已经成为公司重点培养的年轻领导。

（3）

现在，坐在我面前的 K 显得特别从容，他曾经苦苦追求过的梦想虽然没有实现，但他以另外的方式在人生的舞台上熠熠生辉。

自从无法继续追求自己的音乐梦之后，K 想明白了一个问题：老师说得对，每个人的天赋和起点是不一样的，一个人能达到什么高度不是由对手的水平决定的，而是由自己的选择、天赋、努力和机遇决定的。

拥有这样的心态后，K 在工作上更加如鱼得水了，在婚姻生活中也喜获丰收。K 给我看他家人的照片，妻子非常漂亮，在电视台工作；儿子四岁了，上了幼儿园。他的人生算得上美满。

每个人都有梦想，很多人可能都没机会去实现。当你倾尽全力也无能为力的时候，放弃不失为明智之举。

九死不悔的精神永远可歌可泣，坚持固然令人感动，但是对亲身经历者来说一定会特别痛苦——这样的人也许只适合充当文艺作品中的形象，却不适合成为一个世俗中人。

学会因势利导，从事最适合自己的行业，坚持让自己变得更好，你才会成为人生赢家。

9. 优秀的人，永远都不缺少机会

努力的人，结局一定是好的，如果还不太好，

那一定是还处于过程之中。

（1）

"我等了三年，就是要等一个机会。我要争口气，不是想证明我了不起，而是要告诉别人，我失去的东西我一定要拿回来！"这是《英雄本色》里小马哥的经典台词。

机会，这是一个特别能刺激人心的词语，几乎每个人都在念着它、盼着它。

当我又在聊天群里听到有人感叹"我现在就是缺少一个机会"的时候，我突然沉默了。是我们缺少机会，还是机会缺少真正能胜任它的人？

有的事情一反问，就会有趣起来。

记得前段时间，有一篇叫《你不优秀，认识谁都没有用》的文章刷爆朋友圈。

文章中说："只有资源平等，才能互相帮助！"

"很多社交并没有什么用，看似留了别人的电话，却在需要帮助的时候仅仅是白打了一个电话。因为，你不够优秀——虽然这么说很残忍，但谁又愿意帮助一个不优秀的人呢？"

"只有优秀的人，才能得到有用的社交！"

我特别欣赏的一句话是："如果你不够优秀，人脉是不值钱的，它不是追求来的，而是吸引来的。只有等价的交换才能得到合理的帮助——这虽然听起来很功利，但是事实。"

这篇文章所说的内容大概很多人都会有切身的感受，所以特别容易引起共鸣。其实，不光人脉是这样，机会也是这样——这个社会很少有雪中送炭，更多的是锦上添花。

"给我一个机会吧！"

拜托，机会不是施舍给乞丐的，机会是留给能把握它

的人的！机会不是等来的，它是你吸引过来的——它也在
寻找真正的主人。

（2）

八年前，那时候我刚刚大学毕业，手里除了一本毕业
证书之外一无所有。当时，除了少数几个人在参加考研之
外，很多人都在为了得到一份工作而不停地奔波——只要
有面试，我们都会不辞辛劳地参加。但是，面试数十次，
也未必有一次能够成功。

原因很简单，我们没有工作经验，除了一本毕业证书
之外，别人根本不知道你是否优秀。

郁闷之余，我先后上过北京下过广州，但在这些地方
找的工作都不能令自己满意——我明明觉得自己可以做好
更多的事情，但别人就是不给我机会。

辗转之下，我接受了省委组织部"一村一大"的安排，
去了某乡镇当村主任。干了几个月，我觉得实在不能胜任
便辞职离开了，接着到某小城里靠教学生作文和书法谋生。

不能说我找不到工作，但我找的工作都不是自己想要
的，我索性放任自己只求温饱。那时候，我的心里有一个
特别深切的信念，我觉得适合自己的工作一定会在某一天
到来——现在没有，那肯定是老天爷想让我好好放松一下。

我知道，如果有一天我要等的那份工作到来了，我会拼命地干，我会让所有人都知道自己身上的能量。在同学们眼中，我大概是所有人中面对失业最为淡定的一个了。

我常常想，努力的人结局一定是好的，如果还不太好，那一定是还处于过程之中。这就像一条河流，它一定会流到宽广的大海里，如果不是这样，它肯定还在途中。

半年后，无心插柳柳成荫，我在贵阳某公司找到了一份工作，一干就是三年。

这三年里，我可能是整个公司出差最多的员工之一。这三年里，我获得的各种荣誉证书可以称好几斤，并且上级单位以及公司总部都希望我过去。而在之前，这是我想都不敢想的。

（3）

有一段时间，我曾大言不惭地说："我今天辞职，明天就会找到一份不错的工作。"

为什么我敢这么说？因为我觉得可以用资历证明自己能干什么，以及干得怎么样。只要你证明了自己的优秀，那么，机会到处都是。

从这个意义上讲，我们所说的优秀并不是你认为自己优秀了，然后你就优秀了，而是你得有资历证明你确实比别人优秀才行。只要你能证明这一点，那么，你根本不会缺少机会，甚至会为了机会多而选择苦恼。

我有一个来自东北的校友 M，大学毕业那年他为了找工作奔波南北，后来好不容易在西部某省找到了一份乡镇宣传员的工作。但仅仅用了一年多的时间，他就被调到市委宣传部去了。

原因很简单，那一年多的时间里，M 努力工作，用实际行动向领导证明了自己的出色——他很好地解决了领导心中的三个重要问题：我能干什么，我干得怎么样，并且在闲暇时间还能干点其他的事。

事实上，他刚去乡镇参加工作的时候也觉得特别委屈，整个人很消沉。有一天，他给我打来电话："哥们，你是我见过最乐观的人，给我说道说道吧。"

我想了一下，跟他瞎扯了一个故事：曾经，有一个人拿着一块石头到处去推销，说它是宝玉，价值连城，但他只需要用它来"赊"一碗砂锅羊肉粉。当时，所有人都觉得他是个骗子，拿块破石头想骗吃骗喝，都不愿意给他一碗砂锅羊肉粉。

后来，这个人实在没办法了，就去找了一位工匠把这块石头剖开。没想到，在石头剖开之后，世人都想争夺它——因为它真的是一块绝世宝玉。

我说："你现在还是块石头呢，争取在乡镇工作的这几年里把自己剖开吧。"

于是，别人不愿意干的工作，他干了；又累又苦又没有加班费的工作，他也干了。做的是单位的事情，锻炼的是自己，表现的也是自己——只要去做了，不管经验积累还是奖金，或者人缘，抑或是留给领导的好印象，总会落下那么一点吧。

因为，这个世界不会让踏踏实实做事的人吃亏。

一个乡镇宣传员，一年往省主流媒体投了 600 多篇稿子，最后发表了 100 多篇，你觉得领导会不喜欢他吗？他证明了自己的勤奋，喜欢写，能写好——有这种特质，你能说他不优秀吗？

另一个哥们也是北方人，他总是觉得自己怀才不遇，跳槽次数都快赶上跨栏运动的次数了——他觉得所有单位都没有重用自己，可能换个环境就好了。于是，他从学校跳到了国企，从国企跳到了杂志社，又从杂志社跳到了报社。

现在，他还是不满意，觉得单位没有重用他，总是让他写一些无关痛痒的小豆腐块报道。

这些年，他除了频繁跳槽给人不安定的感觉之外，并没有向大家证明什么。

现在，他还在为找到一份满意的工作四处奔波，但从没有哪个单位主动聘请他。

（4）

咪蒙说："当你不够强大的时候，你想要一个小小的机会都没有。当你足够厉害的时候，你的面前有一万个机会，你挡都挡不住。当你足够优秀的时候，你想要的一切都会主动来找你。"

不优秀的人，永远都缺少机会；优秀的人，永远都是机会争着找上门来。

而我们所说的优秀，是需要表现出来的，毕竟优不优秀不是嘴巴说了算。

做事是检验自己是否足够优秀的方式，如果你真的优秀而别人还不知道的话，那说明你做得还不够多；如果你做了很多而别人还不觉得你优秀的话，那说明你做得还不够好。而没有脚踏实地去做事的人，不管你多么地自我感觉良好，你连"不优秀"都谈不上。

李小龙优秀吗？优秀！他让全世界知道了中国功夫！

莫言优秀吗？优秀！他靠自己的创作获得了诺贝尔文学奖。

乔布斯、王健林、马云他们优秀吗？优秀！这些人创立了苹果公司、万达集团、阿里巴巴！

你优秀吗？优秀的证据在哪里？你哪来的自信说自己怀才不遇？

你没有机会，那是因为你还不够优秀，或者说你还没有向人们证明你的优秀。

解决这个问题的办法只有一个字：干！

优秀是干出来的。对于几十岁了还在挑三拣四、抱怨怀才不遇的人，我一般只会送给他两个字：活该！

如果像这样不脚踏实地做事，还妄想一步登天的人都得志了，让那些兢兢业业的人还怎么活——扯淡！

想出将入相的男子，首先得让人看到你文韬武略的实力；想嫁入豪门的姑娘，首先得让自己变成金凤凰。因为，机会是对等的，更好的机会只会找更好的人。

你没有机会，只是因为自己还不够好。

正如几年前，我参加某传媒集团应聘考试被刷掉之后，女友对我说："踩到水坑了，把鞋擦干净继续往前走，你总不能一直纠结在那里吧？再说了，对方为什么刷掉你——你虽然优秀，但还不至于优秀到令他人舍不得放弃的程度，所以，你应该更加努力才是。"

10. 道理你都懂，却依然过不好这一生

> 对你来说，你懂的道理可能只是一件漂亮的
> 衣服，穿上固然锦上添花，你乐意为之。

（1）

即使是一个很木讷的人，当他去开导别人的时候也能
说出一大堆道理来。其实，很多人生的道理一点也不高深，
不管是事业，还是家庭、子女教育问题，都可以用几个关
键词来概括。

经常阅读励志文章的人都明白，说到一个人的事业，
总会从"打铁还需自身硬""懂得分享才能共赢""学会
创新才能进步"等方面进行阐述；而说到子女的教育，也
不外乎从"父母是孩子最好的老师"等方面来展开。

其实，很多道理并不是作者发掘的，我们甚至可以从
先秦时代的文字中去找到那些道理的蛛丝马迹。每一个时
代的作家都在不厌其烦地阐述着同样的道理，所以，创新

的并不是道理本身，而是以最适合时代的方式来重新表达。

比如，我一直以来觉得自己所说的道理读者都懂，甚至不少人会比我说得更深刻；我也从来没想过要去创造新的道理，但我之所以依然坚持写下来，只是想用适合我们时代的表达方式去把这些道理演绎好，让它们以这个时代最容易接受的方式存在。

我相信，很多道理每个人都懂。就像那些真正的坏人，他们也懂得"善有善报，恶有恶报"的道理；那些不爱惜身体的人，也知道身体才是革命的本钱；那些三心二意的人，也明白专一的意义；甚至那些总是轻言放弃的人，也明白坚持才会胜利。

但是，为什么道理大家都懂，却依然过不好这一生呢？知道应该坚持的人，选择了放弃；知道人性本善的人，选择了作恶；知道应该用情专一的人，选择了出轨。

道理我们都懂，但我们在具体的实践中往往会弃道理于不顾，甚至背道而驰。

（2）

五年前，阿轲对我说，他不想一辈子都给别人打工，一定要自己创业。为了实现自己的创业计划，他打算每年存3万元的创业资金，那样五年后存的钱足够做小本生意了。

这个计划挺好的，如果按着这个计划执行下去，说不准阿轲已经成为小老板了。但是，五年过去了，他没有存下多少钱。

我问阿轲："你一直在工作，怎么就没有存下钱呢？"

阿轲口若悬河地说了一堆理由："年轻人干什么不需要花钱啊？买衣服要花钱，招待朋友要花钱，孝敬父母要花钱，谈恋爱也要花钱……这样花下来，哪儿还存得下钱？"

阿轲知道去规划人生，却不去努力，所以，他的想法永远只是想法。知道仅仅代表着方向，做到才是正道——你若做不到，依然过不好这一生。

像阿轲这样的人，何其多也！

我身边有很多女性朋友都知道吃减肥产品的危害，更知道运动是最好的减肥方式，但很少有人能坚持去运动，并找了各种理由来安慰自己。

很多人都知道，一个人不能年纪轻轻就图稳定，应该出去闯荡一番。但如果真把这件事提到议程上来，他们就偃旗息鼓了。而且，他们都特别擅长找安慰自己的理由："爸妈年纪大了，需要我照顾！""出去闯不一定就能闯出名堂，我还要养家糊口！"

其实，这些理由想都不用想，我就能找到很多例子来反驳。但最终我选择了沉默，毕竟从本质上来讲，他们并

不是真的需要这些道理来证实自己的选择，而不过是自我
安慰而已。

道理你都懂，但是你没有按着道理去做——药你有，
但是你不服用，这不是等于没有吗？

（3）

我觉得这个问题可以换种说法：为什么道理我都懂，
但很容易抛弃它？

记得上高中时，班主任对我们说："你们不能仅仅只
是知道和了解，而应该让它成为与你们血肉相连的一部分，
成为你们的价值观，并决定你们的人生观。"

我们之所以会轻易抛弃那些道理，关键在于，这些道
理并没有转换成我们的价值观。大多数时候，我们只是以
旁观者的态度对美好的理论表示赞赏，但并不会觉得这就
是与自己血肉相连的一部分，是自己的灵魂，是自己必须
坚持的原则。

那些真正能坚持下来的人，是因为他们已经把这些道
理当成了信仰。

归根到底，那些总是抛弃道理的人，是因为道理没有
融入他们的血肉，没有渗透他们的灵魂，没有成为他们生
命中不可或缺的一部分。总之，那不是他们的世界观、人

生观和价值观。

看看西藏，为什么那些信徒会不远万里地跋涉着去朝圣？因为，信仰已经融入他们的生命。如果不是这样，即使懂得再多的道理，他们也不会愿意为之付出。

对你来说，你懂的道理可能只是一件漂亮的衣服，穿上固然锦上添花，你乐意为之——但如果需要付出代价的话，你肯定会放弃，毕竟这没什么大不了。人都喜欢过舒服的日子，坚持指向未来，而享受则是现在。这样的选择题，对一般人来说太容易了。

（4）

懂了那么多道理，却没有真正用它们来指导自己的人生，当然没有什么用。也许有人会说，我用它们来指导自己的人生了，但我的执行力不够。

其实，站在人生面前，执行力根本不算什么。如果你认定的事情已经成为自己的血肉和灵魂，就像你的生命一样，你为了它可以豁出一切——我相信，在你面前，所有的困难都是苍白无力的。

执行力不足，关键还在于内心的驱动力不强，你所面对的事情并不是非完成不可。

有些人虽然懂得很多道理，却做出了相反的选择。其实，方向的错误往往只是暂时的安逸，却是一辈子的失败。

冯仑说："方向正确，野蛮生长。"我相信，这样的人生最后都不会太差。

有很多人生的道理是不容置疑的，比如善良、勇敢和坚持。

善良决定格局，勇敢有助于执行，坚持代表着韧性。不管从事什么行业，一个走到最后的人都具有非同一般的格局，从自己出发，却心怀天下；都具有强大的执行力，会想方设法完成自己的工作；最后，这样的人还拥有非同一般的韧性，纵然遇到千难万阻也会初心不改，坚持到底。

不是所有懂得道理的人都能过好这一生，但做到这些的人一定会拥有美好的人生。

为什么阿甘会是西方励志故事的典范？不是因为他有多聪明、多厉害，而是他把自己认可的道理融进了自己的血肉和灵魂，并且用一辈子去坚守。如果能够做到这些，哪怕是一个智商平平、被很多人视为傻子的人，也一定会创造奇迹，拥有美好的人生。

愿你读万卷书、行万里路，交四海朋友、迎五湖宾客。

愿你阅尽千帆，初心不变；历经磨难，壮心不已——哪怕人生平淡，也依然满怀希望。

愿你懂得很多大道理，也能过好这一生。

第 三 辑

过犹不及，要学会适可而止

电影《爆裂鼓手》中有这样一句台词："这个世界上，没有什么比'还不错'这三个字更害人了。"

当你甘于"还不错"，就会失去苛求、严谨、专注等品质。而只有拥有这些品质，致力于追求卓越，你才会笑到最后。

1. 少说多做，与其抱怨不如立即行动

> "良禽择木而栖，贤臣择主而事"，你可以
> 选择不干，也可以选择闭嘴。

（1）

几天前，X 君到我的店里来看我，见面后的第一句话，他就对我说起了最近很火的一封辞职信："我的胸（怀）太大，这里装不下。"

X 君说起来口若悬河，一脸的神往。从他最近抱怨的频率来看，我猜想，他大概又不满工作现状，琢磨着准备走人了。

X 君跟我认识近十年了，他平时喜欢看书、写文章。文学青年的通病就是眼高手低，所谓文无第一武无第二，他总觉得自己很能干，特别牛，别人都没自己优秀。

以我的经验来看，这个社会上 99% 的工作都是可以找人替代的，只有 1% 甚至更少的工作才是"非你不可"——

而从事这些工作的人，才是真正的人才。

当年我去应聘某传媒集团，笔试第一，面试第二，最后还是被刷掉了。女朋友劝慰我说："别人顶替了你的职位，这可以证明你还不够优秀——如果你足够优秀，任何一家公司都会为你破例的。"

女朋友说得对，究其根本，是我没有彻底征服对方。

所以，对于 X 君，我想说——

我听你抱怨已经快十年了，自从大学毕业后，你当过小学教师，混过国企，现在走进了曾经梦寐以求的媒体，但你始终不满现状。

当老师时，你嫌工作太累，学生不好教，收入还低；到了国企，你又说单位的人事关系复杂，再怎么努力也无济于事，而且收入也不高；你终于找到了自己一直想要从事的媒体工作，成了一名新闻记者，现在你又开始抱怨："现在纸媒行业江河日下，我离梦想也越来越远了。"

看着眼前婆婆妈妈的 X 君，我特想揍他一顿。

我想说，年轻人谋事不外乎三点：第一是钱，见钱就干；第二是前途，收入暂时低点没关系，吃得苦中苦，方为人上人——哪个婆婆不是从媳妇熬过来的？第三是兴趣。

我想说，年轻人有选择权，你也是如此。我始终认为，年轻人的选择莫过于五点：欲挣钱，当经商；欲谋官，可从政；搞学问，去高校；思闲散，回农村；图平淡，找个好工作就可以了。

虽然经商不一定能腰缠万贯，但不经商肯定连机会都没有；虽然从政不一定能高官厚禄，但从政是前提；虽然现在有的高校鱼龙混杂，但那里依然是做学问的好地方；虽然现在农村已经很现代化了，但青山绿水还有，鸡鸣狗吠不缺；虽然做一份稳定的工作不一定会过得平淡，但这是平淡最可能的状态。

这是你选择的前提，也是你未来发展的最终方向。

我始终坚信，这是一个自由的时代，你所有的不痛快都是咎由自取。

最近，朋友 H 女士通过努力被聘请为本市仲裁委员会的仲裁员了。为此她特别高兴，因为当了多年的律师，她终于成了一名可以决定案件的裁判者，可以用另外的视角去审视案件了。

听她说起来当上仲裁员这事似乎挺简单的，好像一切都顺其自然，没什么曲折。

但我认为，这事虽然轻描淡写，却也理所应当，是她该得的。

做了那么多年的律师，在工作之余还要学习，提升学历，当一切积累做足了，那不就是水到渠成的事情吗？虽然她被聘为仲裁员这事看似不费吹灰之力，实则她所做的努力早已融入多年的工作中了，成功只相当于足球场上的临门一脚。

X君，你做到了吗？如果做不到，凭什么指望领导给你升职加薪呢？况且，哪位领导愿意提拔一个频繁跳槽的职员呢？

（2）

就拿我来说吧，在开店卖猪肉之前，我曾从事过新闻宣传和企业文化宣传的工作。事实上，我做得还不错，各种证书得了一箩筐，甚至还被评为先进工作者和劳动模范，但对我而言，那既不是嘉奖也不是理想，只是一份工作。

比较而言，在不能改变现状的情况下，我所能做的就是把当下的事情做到最好。

X君，你知道我为什么选择走出写字楼，操刀卖猪肉吗？因为我一直梦想的工作状态没有出现——我跟你一样，对人生充满了期待，不想要一份仅仅是因为养家糊口而不得不去干的工作。

我曾经也沮丧过，但没有跟任何人抱怨过，因为抱怨毫无意义。小店虽小，我也是老板，不是吗？别人不要我，我就自己干！

卖猪肉是辛苦的工作，朝五晚九，但我的身心是自由的。也许这辈子我再没有机会指点江山，也没有机会成为全民偶像了，但我还能让家人过上比较富足的日子，总比痛苦压抑地熬着要强。

（3）

回到辞职这件事情上来，我们已经不再是刚刚走出校园的青涩少年，鲜衣怒马，有大把的资本可以笑傲江湖，尽情挥霍。都说男人三十而立，人到中年如果还不能为未来做一个打算，那这辈子可能就没有任何奇迹可以期待了。

X君，如果你想选择辞职，我希望这是最后一次，也希望你冷静、理性地思考日后的路该怎么走，而不是羡慕那些意气用事者的率性、潇洒。

从你津津乐道的这封辞职信来看，当事人不管是在工作中还是生活中都应该比较不顺利，所以我从中读到的是无奈、辛酸和倔强——我似乎看到了一个含着泪的辞职者歪着脸、不愿委曲求全的样子。包括那位写下"世界那么大，我想去看看"的女老师，我想，当时她的心里也一定充满了苦闷。

如果她们的工作、生活都很顺心，平时与领导、同事相处融洽，那么，她们的辞职信也就不会写得这么"牛"。

我曾从事了三年企业宣传的工作，努力和付出有目共睹，但工资、待遇几乎原地踏步。我辞职的时候，领导问我为什么，我回答："干了三年，烦了，想干点别的。"

这句话完全可以作为辞职信的内容，但因为我与直属领导相处得很好，所以，最后我还是花了半天时间写了一封充满感激之情的辞职信——不为别的，就因为我需要对领导表示出应有的尊重。

所有的工作都绕不开人与人的相处，你不尊重别人，别人凭什么尊重你？

X君，还是古话说得好"良禽择木而栖，贤臣择主而事"，你可以选择不干，也可以选择闭嘴。虽然站在自己的立场上，这样不如意、那样不如意都是别人和环境施加给你的，但归根到底都是个人的问题。

所以，如果我是上面那两位辞职者的上司，面对她们的辞职信，我的批复可能只有一个字：走！

X君，我听你抱怨已经快十年了，现在我想对你说：闭嘴，该干吗干吗去！

2. 人与人不同，别去否定全世界来为自己开脱

> 认识到客观存在与自己的差距，并找到自身
> 的原因。

（1）

任杰经营的水果连锁超市在风雨飘摇中维持了一年之后，终于宣布关张了。

一年前，任杰看到水果生意的利润特别大，便筹了一百多万元在贵阳的大街小巷开了 5 家连锁店。按照规划，他觉得自己能在未来五年内开到 20 家连锁店。

"理想很丰满，现实很骨感。"水果店刚开张一个月，任杰就深切地感受到了这句话的疼痛感。

水果生意的利润确实很高，当季水果的利润甚至达到了 200%，但任杰忘记了一个现实问题：水果的保质期很短，有些水果甚至只能在当天卖掉。

另一个问题是，做生意，有人来消费你才能赚到钱。

况且，大街小巷到处都有水果店，你又不是独家经营垄断着市场。

更重要的是，任杰开的水果店全是请人经营的，但市场上的水果店大多都是一家人在做——每个人都会以维护自家利益为准则。而任杰的员工拿着应得的薪水，谁也不愿意多出力，所以有时候会偷懒，也不会及时撤掉卖相不好的水果。

这样一个月下来，扣除各种开支，每家水果店竟然平均赔了七千多元！

为了改变现状，任杰想尽了一切办法，散发宣传单、办会员卡、开展促销活动等，但收效甚微。

在损失惨重、房租到期之后，任杰不得不把所有的门面都转了出去。他跟我感叹道："条条老蛇都咬人，水果生意真不好做！"

我虽然没明说，但心想，可能不是水果生意不好做，只是你不会做。因为，你还没有弄明白水果是日销品的道理，消费者基本上也都是附近的居民，所以，宣传、促销反而是下策——当顾客觉得你们店里的水果不好，宁愿多走几步去别家。

（2）

其实，在水果生意上，任杰的起点算是高的——一百多万元的本钱，一下子开了5家店。别人呢，可能只是几万元的本钱，小本经营，兢兢业业，却能养家糊口。

这不是水果生意好不好做的问题，而是任杰自己的原因：他不懂行情，不擅长管理和经营。

我们常常会遇到这样的人，他们总是感叹这也不好做，那也不好做，但你只要注意观察，他们口中不好做的项目其实有很多人都在做，并且做得有声有色。

一个很残酷的现实是：你认为毫无机会的事情，有人却做得风生水起；你认为根本不可能做好的事情，有人却做得别开生面；你认为没有意义的事情，有人却做得天下闻名；你认为没有前途的事情，有人却做得光宗耀祖。

你自认为的那些"不可能"，在别人眼里可能只是家常便饭。

客观现实摆在那里，每个人都要面对，而关键问题是，你只能在自己身上找原因。

我曾经采访过一次全国创业创新大赛，对其中一位企业家评委的印象特别深刻。这位企业家选择选手时根本不看重项目，他直言不讳地说："我更看重的是人。"

　　他说，机会到处都是，项目遍地都有，所以，一个项目能不能赚到钱，关键在于是谁在做。比如说，同样是开一家奶茶店，有的人做得风生水起，有的人却门可罗雀，根本坚持不了几个月。

　　为什么？

　　项目都一样，这没什么可比较的，关键还是在于经营者本身。如果一个人靠谱的话，哪怕对方没有项目，他甚至可以给对方推荐一个项目；但如果人不靠谱，再好的项目都没有意义。

　　不得不承认，这位企业家所说的都是事实，而这个事实常常被我们所忽视。在现实生活中，我们听到过各种各样的抱怨，但从来都不是在反思自己靠不靠谱，而是觉得某件事太难做了。

　　其实，这个世界做什么事都不难，但是想把别人口袋里的钱弄到自己的口袋里来，却不容易。

　　难，不是自我放弃的借口，也不是自我安慰的理由。

　　我们承认困难的存在，并不代表就没人能够做到。我们必须认识到，人与人之间是存在差距的。正确认识客观现实是做事的前提，这并非要求我们甘于人后，而是要知道尺有所短，寸有所长，一个人应该去做自己擅长的事。

（3）

有的人感叹：上帝不公平！

我也这样觉得。

你以为别人赢在了起跑线上，其实你错了，别人直接赢在了你可能一辈子都望尘莫及的终点上。比如，李嘉诚的子女生下来就意味着是富二代，我们奋斗一辈子可能也比不上，这就是现实。

上帝不公平是客观事实，但你总不能去揪住他的衣领抽他耳光吧？所以，感叹命运公平与否无济于事，因为那是你无论怎么努力也无法改变的现实。

对于这种存在，我们最不该去否定它，因为这根本不是它的问题。比如，太阳自西向东转，黑夜与白昼交替，姚明身高 2.26 米，马云曾是中国的首富，这些根本不是我们可以决定的。

也许你会说到运气，有的人运气就是好，但运气也是无法改变的。同样是买彩票，别人中了一等奖，你什么都没中，那你又有什么理由去质疑彩票的公平公正呢——毕竟那是概率的问题，有的人买了一辈子彩票也未必能中奖。所以，你觉得那些不可能的事、不公平的事，其实根本就不是事。如果说这些事困扰了你，那只能说明是你自己的问题：你没有摆正自己的心态。

比如，任杰经营的水果店破产了，亏损了数十万元，但他根本没认识到那是由于自己没经验、管理不当造成的，反而觉得是水果生意不好做。

如果水果生意真的不好做，那为什么还有那么多人在做，甚至有人因此而发家致富了呢？

客观现实都是一样的，机会在那里，困难也在那里，关键是人与人之间存在差别——你不能把这种差别推给客观存在的困难，那并不理智。

（4）

人与人之间的差别有很多，包括相貌、身高、体重、智力、家庭、经历、性格、学识、才华，甚至包括运气。

在这些差别中，有的事就算你再怎么努力也无法改变，比如身高。但是，有的事可以通过努力来弥补，比如学识、眼界。

这并不是说每个人都应该安于本分，消极地听天由命，而是要正确地认识到自己的长短优劣——这是我们改变现状的前提。

很多年前，我去参加某中学的面试，被问道：李白的诗《梦游天姥吟留别》中的"三山"是指哪三山？

我并不知道答案，于是说："很抱歉，我不知道。但我觉得这不是问题，所谓'闻道有先后，术业有专攻'，虽然我不知道答案，但我知道获取答案的方法：诚恳一点，请教师长；先进一点，上网查询；传统一点，查阅书籍。"

不知道答案不是灾难，不知道如何获取答案才是悲剧。

认识到客观存在与自己的差距，并找到自身的原因——如果你是那块料，就全力以赴，努力奋斗；如果你不是那块料，就果断放弃，无怨无悔。最痛苦的事情是守之无望，弃之不甘。

或者，就算你不想放弃，那也应该换一种方式。

你想做水果生意，但你不懂或者说不擅长做，其实不要紧，你可以跟那些懂的、擅长的人合作。刘备武不比关张，智不如孔明，一样统领群雄，何也？刘邦武不如韩信，智不敌张良，最后君临天下，怪哉！

能做成一件事情的办法有一千种，而自己亲自去做仅仅是其中的一种。

看着任杰曾经的水果店变成了他人的早餐店，我想：如果他能够认识到自己失败的原因，不再抱怨水果生意难做，而是努力去学习经营管理，或者找到经验丰富的合作伙伴，也不至于亏损那么多。

很多时候，我们放弃一件事，是认定自己根本不可能成功。但我们只关注自己能不能成功，却没想过他人能不能成功。

这样的思维方式，导致我们总想通过否定全世界来为自己开脱，而忘了解决一个问题的方法其实有很多种。哪怕是花钱请人帮忙也不失为一种好方法，难道不是吗？

3. 想要对自己好，就得对自己狠

> 当你甘于"还不错"，就会失去苛求、严谨、专注等品质。

（1）

朋友夏禾身高 1.7 米，曾是一名平面模特，最近竟然复出拍片了。有次朋友聚会，再见到她时，我发现她与大半年前的那个她简直判若两人。

那时，夏禾刚坐完月子，体重 150 斤，想象一下就知道她胖成什么样子了。万万没想到，数月不见，她就像脱胎换骨了似的，堆积在腰上的赘肉没有了，又恢复到了怀孕前的样子。

我已经步入中年胖子的行列，一心想减肥，恢复当年瘦如闪电般的风采，但苦于自己意志力薄弱，对各种减肥药又十分忌惮，故而体重与日俱增，油腻大叔依然如故。

我问夏禾："几十斤肉堆起来像一座小丘，你怎么减肥的，快告诉我秘方！"

一位朋友插话道："你就别想了，夏禾为了减肥对自己那才叫一个狠，你根本下不了手！从孩子断奶那天起，她就天天泡在健身房坚持锻炼，同时还拒绝了一切美食，每餐吃的不是水果就是蔬菜，一点荤腥都不沾，我们这些食肉动物怎么受得了？"

很多减肥成功的人都会说："我身上的肥肉都是自己用汗水驱赶走的。"

减肥的方法很简单，无非是"管住嘴，迈开腿"，但很少有人能对自己下得了狠手。"孔雀舞皇后"杨丽萍，在大家的印象里几乎是不食人间烟火的存在：孔雀舞就是她，她就是孔雀舞。

但杨丽萍对生活的严苛也鲜有人能做到。在一次访谈节目中，杨丽萍透露了自己的减肥食谱：每天只吃足以维持热量的食物，为了避免肠胃消化不良，她甚至不吃米饭。

减肥如此，很多事情也是如此。你如果不对自己狠一点，做人做事都不会出彩。

（2）

有人说，努力很难很痛苦，不努力很舒服。

不管你天赋如何，真正想做成一件事是不容易的，哪怕如郭沫若也会说："形成天才的决定因素应该是勤奋。"什么叫努力，就是去做那些你认为对自己有好处但可能让自己痛苦的事。

"玉不琢，不成器。人不学，不知义。"实事求是地讲，每一个努力学习的孩子，每一个勤奋工作的大人，他们的努力过程都不轻松。

吴京曾经在访谈节目中说过，他练武的时候特别枯燥，早上练三个小时，下午练三个小时；一千次踢腿，一千次下蹲，一千次俯卧撑，就这么练。我相信，这么练，任何人都会特别痛苦，但痛苦是蜕变的必经之路。

要想在高考中取得优异的成绩，考上理想的大学，你就必须好好学习，参加工作了，要想把工作做得漂亮，你不仅要比一般人更努力，还要学习相应的技能。

我的一位前女同事，之前她对各种报表一无所知，为了能更好地完成工作，每天下班后她都会留在办公室里加班学习。两个月后，她终于把所有报表都弄明白了。

如果不努力，可以打麻将、吃烧烤、睡懒觉，日子过得肯定舒服多了。但是，很快你就会发现，你变成了那个让自己鄙视的人——工作不出色，生活特邋遢，未来很迷茫。你想要的东西遥不可及，你面对的生活一团糟。

不努力也许会很舒服，但代价一定很惨重；努力很痛苦，但结果一般都会很美好。

（3）

虽然很多人都说我们应该活在当下，而不是为了未来去积累。但健康的生活方式从来都是既要活好当下，也要为未来做积累——不管如何享受当下，但想要好的未来，现在一定需要付出。

不管你有什么计划，要想顺利地执行，你一定要对自己狠一点！

我的一位好哥们大邱，他最大的梦想就是在学校里待一辈子。他的家庭条件一般，但他坚持读研，最后如愿留校任教。

老实说，为了实现留校的梦想，大邱的确对自己够狠。很多同学参加工作后，都过上了独立自主的生活，只有他过得特别清苦，甚至连女朋友都不敢交。每天上完学校的课，他还要马不停蹄地去兼职做家教。

后来，他终于读博了，也交了一个女朋友。女朋友意外怀孕后，两个人奉子成婚。但他们的婚礼特别简单，也就是请了几个好朋友吃了顿饭。

如果不选择继续读书，以他的能力，分分钟都能找份不错的工作，过上舒坦的生活，但那并不是他想要的。

时间过得很快，一晃十年过去了，大邱已经是留校任教的博士。作为当地人才工程的重点培养对象，他还分到了大房子，最终过上了自己理想中的读书、教书的生活。

而我们这些早早出来工作的人，这些年一直过得浑浑噩噩的，既没干成什么大事，也没有过上自己理想中的生活。

正所谓："吃得苦中苦，方为人上人。"虽然我不喜欢这句话，更不喜欢"人上人"这种带有阶级味道的说法，但我觉得一个人可以不去跟任何人比，但一定要跟自己比。

你一定要全力以赴去成为最好的自己。

（4）

努力从来都不是一件容易的事，其实没什么事可以一蹴而就，你需要拼的是毅力、耐心、韧劲。就像很多人常说的，想要成为某个领域的专家，需要花一万个小时。

但你知道一万个小时是多少天吗？

大概是 417 天。但你不可能一天 24 个小时都在学习，也就是说，有效的学习时间大概是 6 小时。这样的话，如果你想在某一个领域有所建树，至少需要花费 4～5 年的时间。

在 4～5 年的时间里，也许你会因为热爱而有冲劲，去从事自己喜欢的事业，比如音乐、绘画、写作、科研等。但是，请记住，不管做什么事情，你都不会永远一帆风顺，你可能会有厌烦、焦躁的时候，也会遇到瓶颈期。

很多事情做到一定的程度后，你收获的不仅是快乐，还有折磨。这就像两个相知相爱的人，在交往的过程中，他们不可能永远都像热恋期一样甜蜜，也会有摩擦和冲突。

所以，如果不对自己狠一点，你根本坚持不下去。就拿好身材来说，你想拥有好身材，不想成为肥胖、油腻的中年人，就必须努力去健身。但健身是需要吃苦的，是需要持之以恒的。如果没有这样的决心，你根本无法做到。

哪怕你坚持了一年，练就了一副好身材，但如果一时懈怠，对不起，偷的懒就会变成打脸的巴掌——你的好身材很快就会被脂肪所霸占，变回那个肥胖、油腻的自己。

你想要让自己变得更好，就必须对自己狠一点。

是学生，就得逼着自己去学习。有同学说："我学不会。"有些内容你学一遍当然学不会，那就学两遍、学三遍……一遍一遍地学，怎么可能学不会呢？

有的人说："我是肥胖体质，喝水都能长胖，减肥对我没用。"这纯粹是为懒惰找的借口，如果你给自己制订一个减肥计划，每天去健身房锻炼，同时不吃油腻食物，坚持个三五年再看看效果。

（5）

我们不够优秀，是因为对自己不够狠——我们总是太容易放纵自己了。就拿读书来说，有几个人是真正喜欢呢？你以为那些英语过了专业八级的人真的喜欢背单词吗？你以为世界赛场上的冠军真的喜欢训练吗？

我敢向你保证，没有任何一个人会觉得努力是一件愉快的事。那些有所成就的人，比你更想过一个悠闲的假期。但是，他们为什么取得了成就？因为他们对自己够狠，用一股狠劲逼着自己去不断地突破和奋进。

我相信，夏禾在减肥的日子里也一定特别痛苦，比如她也会特别想念红烧肉的味道。但她对自己真的够狠，硬生生地禁了自己的口腹之欲，这才在锻炼的基础上恢复了少女般的身材。

电影《爆裂鼓手》中有这样一句台词："这个世界上，没有什么比'还不错'这三个字更害人了。"当你甘于"还不错"，就会失去苛求、严谨、专注等品质。而只有拥有这些品质，致力于追求卓越，你才会笑到最后。

如果你有夏禾的野心，却没有她的那股狠劲，即使你发 100 次减肥的誓言，也不过是喊口号而已！

在这个世界上，庸碌和倦怠会侵蚀着每一个人，大家都感到无能为力。但是，一个人必须找到自己的着力点，以自己的方式去与这个世界对抗。这种方式不是抱怨和指责，也不是愤世嫉俗，而是脚踏实地、坚持不懈，凭着一股狠劲儿倾尽全力地去做好每一件事，过好每一天。

要想让自己变得优秀，就得对自己狠。

4. 直面危机，劣势并非永远被动

努力，并不是消除人生各个阶段可能遇到的问题，而是让自己变得足够强大，可以应对、解决所有的问题。

（1）

近期"中年危机"又刷屏了，现在说 80 后的中年危机都不新鲜了，90后的中年危机正在马不停蹄地赶来。

中年是一个必须独当一面的年龄段，父母老了，子女未成年，你没有什么可以依靠的。或者，你不仅没有什么可以依靠的，还要成为整个家庭的依靠。

于是，在工作和生活上，大家开始出现分化，前途无量的已经上路，无欲无求的放弃了挣扎。

中年是各种矛盾最容易集中暴发的阶段，大风大浪，尽显本色。俗话说，一入中年百事哀。人到中年，除了"上有老下有小""压力大、责任重"等标签外，健康也开始出现问题。

记得上大学时，白天打完篮球，我还能生龙活虎地熬一个通宵打游戏。现在呢，一天睡不好，未来三天都像生了场大病似的。

中年，是一个连病都病不起的年纪。

你不坚强，没人能替你担当，哪怕弱不禁风也要硬着头皮上。不管你的内心是否强大，也不管你有没有准备好，人到中年，生活的重担就落到了你的肩膀上——不管你接不接受，问题都会迎面而来。

中年是最能体现一个人痛感的阶段，所以，中年危机让很多人都感同身受。

我身边遇到中年危机的朋友比比皆是，对工作感到迷茫的，家庭闹危机的，子女教育出现分歧的，健康出现问题的。所以说，家家都有一本难念的经，人人都有难以跨越的坎儿。

虽然中年危机很普遍，但并不绝对化。对有的人来说，中年却是最好的年纪，正是精力和经验结合得最好的时候，正是才能集中暴发最好的时机，很多做成大事的人都是中年崛起走向巅峰的。

事情具有两面性，危机本身也包含两个方面：一是危险；二是机会。所以，并不是所有人的中年都会那么艰难。

在我比较寂寥的朋友圈中，有一对夫妻的小日子过得有声有色，他们简直就是朋友圈中的一股清流。

夫妻俩事业稳定，经济宽裕，儿子懂事，小日子过得幸福美满。

每年，他们一家三口还会抽出一段时间进行一次"深度游"——到乡村住上十天半个月，体验乡村生活。其间，丈夫负责"研究"民俗文化，妻子负责摄影。

我从没发现他们有什么感情危机，也从没听他们抱怨过生活的不如意。当然，也许是我不了解具体情况，他们可能也有不如意的时候，但我敢肯定，他们的不如意远远没有达到中年危机的程度。

我曾问过他是如何经营家庭的，他回答说："我最讨厌人们闹情感纠葛了，一辈子那么短，一个人不能把时间和精力都耗费在这些事上。我宁可把跟人吵架的时间花在自己喜欢做的事上，好好享受这一辈子。"

我想，大概就是因为拥有这样的心态，所以他的中年没有危机。

虽然感到中年危机的人有很多，但中年得意者也有不少，因此，人生的危机与年龄无关。

相较于少年时期的勤学、拼搏，人到中年，他们之前的奋斗和积累迎来了一次全面的爆发。对马云、马化腾等企业家来说，中年不仅不是危机，还是"人生得意须尽欢"的美好阶段。

（2）

退一万步来说，难道只是人到中年才有危机，才油腻吗？并非如此。

有的人从二十几岁就不锻炼身体、不讲究卫生，邋里邋遢的了。所以，那时危机就已经产生了——他们前途平平，活得浑浑噩噩，不是危机是什么？

如果说人到中年到处都是危机，那到了老年是不是就没有危机了？

人到老年，退休了，如果想奋斗，不妨"老夫聊发少

年狂"；不想奋斗，领着退休金也可以安安乐乐地过日子。

但生活哪有那么简单，我见到的"老年危机"比想象中的更凄凉。有的老人不仅没法享受天伦之乐，相反，他们只能领着低保勉强过日子，孤苦伶仃得像被世界抛弃了似的。如果说他们命不好，没儿没女也就罢了，偏偏有的老人儿女双全，过得却比孤寡老人还惨。

我们小区里有一位老太太，她常常带着孙子跟小朋友一起玩，因与我岳母交好，她经常上我家来做客。

老太太是从农村来城里照顾孙子的，但儿媳妇对她嫌这嫌那的，根本容不下她。没过多久，她就在小区里另租了房子自己住，可饶是如此，儿媳妇依然跟她吵闹不休。最后，她心寒至极回老家去了。

我不想以小人之心去揣度不太友善的人，但我想说的是，这位老太太被逼到这一步，还不是因为自己不够体面吗？如果她手握大把财产，儿媳妇敢这么怠慢她吗？

也许有人会觉得我可能在编故事，但我想说的是，生活远比我们想象的要艰难。

（3）

人生在任何阶段都可能产生危机，而产生危机的根源，其实就是我们自己。

高晓松说："原来我以为四十不惑，意思就是说，到了四十岁你就都明白了，什么都懂了。其实到了四十岁的时候，才发现'四十不惑'的意思是说，到了年纪你不明白的事，你就不想明白了。"

人生就是这么回事，你混得不好，每一个阶段都有发不完的愁、解决不完的危机；如果混得好了，别人口中的中年危机恰恰是你的人生巅峰。

虽然很多四十几岁的人都在等着退休，但还有很多五六十岁的人希望时间慢一些，他们还想去奋斗。

同样是人生，但人与人是有差别的。所以，油腻不是因为到了中年，而是你不喜欢健身、不自律所导致的。

那些生活幸福的人，并不是没有遇到过困难，而是他们拥有强大的解决问题的能力，包括沉淀的学识、积累的财富、结识的人脉等。

你在少年时期很努力，到了中年也许就是精英，你会拥有更多的学识和财富；你在中年时期很努力，到了老年也许就会拥有足够的人生智慧，享受天伦之乐。

所谓"中年危机"，就是混完了前半生，又不想在后半生努力。其实，你不努力，一辈子都会遇到危机。努力，并不是为了消除人生各个阶段可能遇到的问题，而是让自己变得足够强大，可以应对、解决所有的问题。

有的人说，中年危机跟钱没关系。我想说，如果你没有钱，就跟钱有关系；只有当你有钱了，才跟钱没关系。

也有人说，中年危机跟胖没关系。同样的道理，你只有健康了，才跟健康没关系——如果你的身体总是出现问题，那就跟健康有关系。

克服危机的办法只有一个，那就是努力让自己把所有的问题都变得不再是问题。

5. 致"蠢"人

真正的聪明人不会抖机灵，他们往往会用自己的"老实"获得全世界的信任和好感。

（1）

王岩的项目由于资金紧缺就想拉人来投资，因为投资额不小，身边的朋友一时都拿不出这么多的钱来。老海最近因为老宅拆迁拿了一笔拆迁费，我们建议王岩去找他。王岩一听，连连摇头："老海这个人太聪明了。"

老海给人一种非常精明的感觉，他几乎从来没吃过亏。

几年前，老海不知道从什么渠道得知家里的老房子要拆迁，于是他就跟哥哥商量，把老房子让给他，他出一半的钱，哥哥出一半的钱，买套新房子给哥哥。

哥哥是个老实人，一听就同意了。

没过两年，老房子拆迁，老海拿到了一大笔的拆迁补偿款。哥哥觉得吃亏了，就找老海商量分一些拆迁费给他，结果没分到拆迁费也就算了，还被老海骂了一顿："现在你看到有了拆迁补偿款就来找我要，之前我也是出钱给你买了房子的，要什么要！"

哥哥明明吃了亏，倒成了老海口中见钱眼开的小人，可谓有苦说不出。

像类似的事情，在老海的身上不止发生过一次。他给人的感觉就是精得跟猴子似的，你永远也别想在他身上占到半点便宜。

就拿打麻将来说，每次约牌局，老海只带 200 元，输了就不玩了，而赢到一定的程度就找借口走了。虽然说这不是什么大事，但在朋友圈中，什么事都被他算尽了，久而久之，大家也就觉得没意思了。

当一个人成为别人口中的"聪明人"时，其实，他也就没什么意思了。

水至清则无鱼，人至察则无徒。虽然你确实精于算计从不吃亏，但这个世界上，哪有那么多傻子愿意被你算计、吃你的亏呢？

没有任何一个具备正常智力的人会接二连三地掉进同一个陷阱里，你每次都占别人的便宜，可能是因为别人玩不过你，也可能是别人不屑跟你玩，但到了最后肯定都不愿意跟你玩了。

一个人精明到一定的程度，往往会彻底的失败。再精明有什么用，别人都不会给你机会了。

（2）

每个人都有这样的心理——喜欢老实人，因为与他们相处、共事，他们不会让我们吃亏。

那么，什么是老实人呢？

老实人绝不等于傻瓜，相反，他们是看得明白也活得明白的人。他们不会坑骗你，吃得了亏也吃得了苦，但这并不是因为他们傻，而是他们内心有自己明确的价值观。

有的人，出卖朋友能换取一笔可观的收入。但老实人觉得，相较于一笔可观的收入，朋友对自己的感情更重要。

十多年前，三叔在广东的一家工厂打工。有一次，他和老板一起带着十几万现金去进货，半路上他们出了车祸，老板昏迷了，肇事司机逃逸。当时，三叔只受了点轻伤，他赶紧拨打了120，后来又替老板垫付了医药费。

在医院里照顾老板时，三叔打电话跟三婶说了这件事。三婶责怪他说："你真是太老实了，你为啥不拿公司的钱付医药费？"

三叔说，那笔钱是公司进货用的，即使拿去付医药费也是私自挪用公款，他不能那样干。

老板醒来后得知三叔的做法，心里非常感动，自此对三叔信任有加。他常跟生意伙伴说，三叔是个有原则的人，把项目交给他去做很放心。

其实，在当时那种情况下，老板根本不会责备三叔挪用公款的。但是三叔有自己做人的底线，清楚地知道自己应该怎么做。

世人都说老实人糊涂，其实，他们活得比谁都透彻——他们在乎的是自己内心的清白与安静。

（3）

"社会从来不缺聪明人，但需要更多真诚、厚道的人；不缺有智慧的人，但需要更多具有风骨的人。"某大学校长如是说。

在我们的一生中，善良比天赋更重要，人品比能力更重要，厚道比聪明更重要。所以，从长远来看，只有实在、厚道的人才能得到更多的信任、理解和支持，才能获得真正意义上的成功。

以前，我和朋友经常去一家酸汤鱼火锅店吃饭，由于去的次数多了，就跟老板熟络了起来。

一般来说，顾客点的鱼是要现杀现做的，在跟老板熟络以后，我就会让他自己看着安排就行。

直到有一次，我和朋友吃鱼的时候发现有变质了的味道，就跟老板提了出来。虽然他给我们重新换了一份，但从此以后，我再也不去他的店吃饭了。

显然，那老板在我心里已经不是一个厚道的人了——他将变质的鱼卖给了顾客。多角度展开来说，老板的这种行为就是唯利是图、没原则、没底线，不值得顾客信任。

如果一个人在生活中给你留下了这种印象，那他就会失去你的信任。当我们感叹："这个老板太精了！"我对他的态度不是多了几分警惕，就是敬而远之。

如果你总是被人提防或疏远，就算你再精明，又能得到多少机会和占到多少便宜呢？吃得了亏的人，才能占得"大便宜"；守得住底线的人，才能赢得大场面。

一个人只有给世界展现自己的诚实、厚道，才会得到世界信任的回馈。这个世界真的没几个人是傻瓜，就连小动物都不会连续两次掉进同一个陷阱里——吃一堑，长一智，这个道理谁都懂。

（4）

那么，什么是老实？

老实，是对一种高尚人格的总体概括。老实人就像浑厚的大地，让人觉得踏实可靠，值得依赖——作为朋友，可交；作为同学，可信；作为老师，可敬；作为领导，可从；作为下属，可用。

老实人是社会上最宝贵的财富，因为，他们的存在让社会少了些蝇营狗苟，多了些大气、奉献；少了些落井下石，多了些包容、宽厚；少了些冷漠无情，多了些人性的温暖。

世界从来不会亏欠任何一个老实、厚道的人。愿你的老实用在对技艺的精益求精，对工作的兢兢业业上；愿你的厚道换来家庭和睦，朋友和谐，以及世界的温情；愿你的老实厚道铺成人生的宽广大道，全世界都为你张开臂膀。

老实人必有厚福！

6. 很多事情你没有做成，真的跟能力无关

> 无论是考试还是工作，都离不开两个方面：
> 专注和积累。

（1）

我关注司法考试好几年了，尤其是号称"末代司考"的今年，考生更是创了历史新高。据说，司法考试是当前最难考的考试，有报道说有人考了十几年，从翩翩少年考成了油腻大叔，依然没有考过。

有网友调侃说："司考之难，难于上青天！"

司法考试难吗？

难。

但是，我还想再问一遍：司法考试真的很难吗？

答案是：真的很难！

不仅考题本身就充满了争议，而且每年总有那么几道题，即使让法律专家、教授来回答也未必能全部答

对。作为国家选拔司法人才的一种途径，司法考试只有10% ～ 20% 的过线率，足见它难考的程度有多高。

但是，司法考试真的难到不可战胜吗？

答案是否定的。

那些考了十年八年还没有过线的人，只是参加了十年八年的司法考试，而不是有效地复习了十年八年。

为什么这么说呢？虽然司法考试的题目出得刁钻，但只需要总分拿到 360 分就可以了——也就是说，只要四门考试平均每门达到 90 分，你就可以脱颖而出。

简而言之，司法考试并不要求你达到完美，只需要你合格。

前段时间，司法考试分数出来了，我加的一个司考网校群里一片哀号。有的人去年考试只差两分，今年竟然差了二十多分。不少人感叹，司法考试都让自己怀疑人生了。群里有一位女生，她说甚至开始怀疑自己是不是智商太低了，不然怎么考了几次都没过。

这让我想起之前跟大家讨论的话题来：你考了几轮都没有考过，并不代表你努力复习了几轮。如果每年你都是"裸考"，别说高开低走，就是低开低走也不稀奇。

司法考试不仅要具备精准的专业知识，还要具备熟练的答题技巧。这些都需通过认真复习才能获得，而不是像大学考试一样，老师划了重点，考前抄一抄笔记，熬两个通宵背一背，就能"60分万岁"了。

有的人认为职业考试跟大学考试一样，都希望撞大运——考点全会，蒙题全对。但是，天底下有这样的好事吗？职业考试考的是专业知识，岂是你靠运气就能考过的？

对于那些考了七八年依然没过线的考生，我就想问问：你们到底为司法考试付出了多少努力？

事实上，我从来不相信什么秘诀——哪怕存在秘诀，那也就像练书法的人淘到了一本好字帖；就像练武术的人，无意中得到了一本好拳谱。但是，要想把秘诀练成自己强大的竞争力，那就需要无数个日夜的努力。不然，再好的秘诀也是废纸。

（2）

电影《垫底辣妹》里面有一个情节给我留下了深刻的印象：沙耶加是学渣，高中老师认为她是扶不上墙的烂泥，甚至在课堂上骂她是垃圾。

这么刺耳、刻薄的话从一个老师的嘴里说出来，我诧异到自己无力反驳！

但是，补课老师坪田先生坚定地认为，沙耶加是一个很优秀的女孩，并相信她可以考上重点大学。

在连爸爸都对沙耶加不抱希望的时候，坪田先生对她的肯定和认可，就像照亮漆黑夜空的星辰一样照亮了她的心田。

为此，沙耶加拼了！

沙耶加从小学四年级的知识开始学起，硬生生地自学到了高三的课程——家里的四面墙壁上都贴着她的学习笔记，字典也被她翻烂了。

但是，要想实现目标依然是艰难的——沙耶加一次次地尝试，一次次地失败。她开始怀疑自己了，甚至起过放弃的念头，但一想到坪田先生对自己充满了期待，她便有了再来一次的勇气。

终于，沙耶加如愿考上了庆应大学，用实际行动狠狠地打了那些瞧不起她的人的脸。

所以说，你没有通过司法考试，你翻烂了考试资料吗？你没有考研成功，那些课程重点你都背过、记住了吗？你考 GRE 失败，你是否为备考放弃了娱乐活动？

在复习之余，你还有时间和精力玩游戏，你付出的辛苦那么少，幸运女神凭什么眷顾你？你又有什么资格说"我努力了"？

无论是考试还是工作，都离不开两个方面：专注和积累。你不积累，就无法达到自己期望的高度——一万座小山，寂寂无名；一座高山，令世界瞩目。无论你在做什么，都应该坚定自己的目标，然后想方设法地去奋进，这样你才有可能变得不可阻挡。

我们没有做到的很多事情，真的跟能力没有一点关系——别误把"不为"当成了不能，也别误把从不曾"争取"当成了放弃，更别误把"从零开始"当成了励志。

这个世界上绝大多数事情都可以通过努力做到，并且还能做得很漂亮。

7. 财务独立，才能保全自己

通常情况下，现实生活多半是鸡毛蒜皮、鸡飞狗跳。

（1）

时代剧里，男女主角在一番云雨之后，之前大大咧咧得像男人婆一样的女子，突然作小鸟依人状，依偎在男主角怀里，温声细语又带着忧虑地说："我现在是你的人了，你要为我负责！"

男主角意犹未尽，略带疲惫地说："放心吧，我会为你负责，爱你一辈子的。"

剧情再往后发展个三五集，小三出现了，男人出轨了，互撕大战开场。说好的"为你负责"呢？说好的"爱你一辈子"呢？

女人不禁感叹：宁可相信世间有鬼，也不要相信男人的那张嘴。

男人说的很多话听听就算了，其实，不管男人女人，哪有可能把情到深处时说的话全部兑现？难道女人说过的话就会全部兑现吗？所以，这不是男人和女人的问题，根本就是"人"的问题。

我们必须认清的现实是：承诺根本不靠谱。

通常情况下，在情感的博弈中，一对情侣或夫妻一旦一拍两散，彼此不顾，或者男人干脆冷漠无情来个移情别恋，女人总是会处于被动的弱势地位，付出的代价往往特别惨痛，甚至会输得一无所有。

相比于男人可以"不负责任"来说，女人就不能那么潇洒不羁了。除去社会成见等原因之外，还在于女人的身份注定了她们的弱势地位。

那么，问题来了，如果男人将"为你负责"当成风一样吹过就忘了的时候，怎么办？其实，死缠烂打很辛苦，寻死觅活也没有多少人会同情，最后这杯苦酒你还得就着眼泪自己吞下去。

（2）

恋爱中的女人总是充满幻想，觉得一切完美无瑕。所以，劳伦斯说："恋爱中的女人智商为零。爱情虽然无比美妙，但我们必须面对现实。"

有人说过，男人无所谓忠诚，是因为背叛的砝码太低；女人无所谓忠贞，是因为受到的引诱不够。

记得在一档节目上，嘉宾提出了一个问题：假如你的对手爱上了你的女朋友，现在他想要你离开她。你是一个正常的男人，你也很爱自己的女朋友，但对手说他愿意拿出一笔钱来补偿你，你会怎么选择？

对此，一开始所有的人都很不屑，但当嘉宾先后开出四次价之后，情况变了。

第一次是5万，大家都不为心动；第二次是50万，大家仍是如此；第三次是500万，有些人心动了；当第四次开价到5000万时，所有参加活动的嘉宾几乎毫无幸存，哪怕还有一个男人依然坚定地说"我要爱情"，他身边的女子却站起来说："有肯为我一掷5000万的男人，他一定是爱我的，这样有钱又专一的男人，我为什么不选择呢？"

不是经不住诱惑，只是诱惑太大。

俗话说得好，不怕一万，就怕万一。现实生活中，恋爱了可以分手，结婚了还能离婚，就算不分不离，还可能发生想不到的意外。没有谁敢保证一定会跟谁白头偕老，更何况两个人还处在交往阶段呢？

山盟海誓固然赏心悦目，令人如浸蜜罐，但万一意外来临呢？所以你也要以防万一。而那些一开始就相信"男人会为我负责"的女子，除非运气极佳遇对了人，否则多半没有什么好结果。

新闻报道中，每年都会有未婚少女在厕所产子，然后扔弃、逃逸的事情发生，令人扼腕。面对这种情况，我们固然可以心怀同情，但可怜之人必有可恨之处，哀其不幸也应该怒其不争，毕竟，这是当事人自己一步一步走出来的后果，只能自负。

（3）

七八年前，我们村有一个性格温柔的姑娘交了一个在本地搞工程的外地男朋友，两人情到浓时，水到渠成。工程结束后，男人要回老家，但在回去之前口口声声承诺，不久就会回来找她商谈结婚的事。

但是，那个男人一走之后杳无音信，姑娘盼星星盼月亮，把眼睛都快盼瞎了，对方也没有回来。更令她难堪的是，她怀孕了。她一直以为那个男人会回来，所以留下了肚子里的孩子。

时间一天一天过去，直到她怀孕的事情无法再隐瞒下去，直到她对那个男人死心之后，她才在母亲的陪伴下去了医院引产。引产的时候引起大出血，她差点丧命。

出院后，她在家休养了几个月。因为未婚先孕，她在当地名誉扫地，实在无脸见人就外出打工去了，最后嫁到了一个偏远山区。丈夫是一个比她大近二十岁的男人，他们的日子过得并不幸福。

朋友 A 因为年轻的时候做人流次数过多，失去了当母亲的资格。结婚后，因为一直没怀上孩子，被她婆婆逼迫着与丈夫离了婚。离婚后，A 又尝试着交往了几个男朋友，可都没有好结果。

后来，她择偶的标准变成了离异或丧偶的男人，并且对方必须有孩子。最后她终于找到了这样一个男人，但对方是个酒鬼，还有家暴行为，她忍受不了又离婚了。现在，将近四十岁的 A 已经没有结婚的打算了。

还有一个朋友 B，跟男朋友交往的时候，家里人不同意，但她不顾家人的反对跟男朋友同居了。男朋友是个混蛋，一穷二白的，两人的性生活也没采取安全措施，结果好好的一个姑娘在两年里做了两次人流。

当她打算做第三次人流的时候，医生告诉她，如果再进行手术以后可能就怀不上了。无可奈何，他们只有草草登记结婚，把孩子生了下来。

这种情况下，家人纵使万般不愿，也得接受这个事实。

几年过去了，B过得一点都不幸福，因为老公好吃懒做，两个人基本上天天吵架。B好几次都有了离婚的念头，但一来因为是自己当初固执己见，现在不好意思跟家人说离婚，只好打碎了牙齿往肚子里咽；二来孩子乖巧可人，已经上了幼儿园，她实在不忍心让孩子生活在单亲家庭，所以只好将就着过。

现在，B还不到三十岁。我不知道她能否将就着过一辈子，毕竟一辈子很长。

我想，如果当初这些女子能多为自己负责，也不至于将自己逼到这一步，好好的人生竟走到进退两难的境地。

还有一个熟人C，大学毕业后嫁给了家境殷实的男友，很快生子。因为要照顾孩子，她也没有找工作，结果，丈夫有了外遇。C哭过闹过，最后也只能离婚收场。

离婚后，过了几年家庭主妇生活的C与这个社会产生了很大的脱节。

"为你负责"听着好听，但日子还是需要实实在在地过。

（4）

俗话说，靠山山会倒，靠人人会老。这个世界就算真正存在忠贞不渝的爱情，概率也未必有多大，就像每天买彩票的人有那么多，中奖者却屈指可数。所以，你敢保证你找到的那份爱情就一定会地老天荒吗？

通常情况下，现实生活多半是鸡毛蒜皮、鸡飞狗跳。

最近我在网上看了一个统计数据，说中国人结婚前的恋爱次数大概是四次。也就是说，就算现在正跟你谈婚论嫁的男人，也未必会成为你的丈夫。

每一个梦想风花雪月的姑娘，如果你都不对自己负责，谁又能为你的凄惨买单呢？爱人先要爱己，更好的你才配得上更好的幸福。

8. 你总是说没时间，其实是不会管理

> 读书时，老师管；工作时，领导管。管得好，
> 井井有条；管不好，乱七八糟。

（1）

有段时间，我特别想去健身房锻炼，将自己体内多余的脂肪挤出去。不过，我一直都没有付诸行动，因为我总是担心自己没时间，报名不去练白白浪费了钱。

我身边就有几个这样的朋友，当初他们兴致勃勃地去报了名，一股誓要瘦成一道闪电炫瞎众生眼的劲头，但最后一个都没有坚持下来。所以，直到现在我也没有去健身房锻炼过。

前段时间，我特别想报名参加写作训练，最终还是没去，因为担心自己没时间。

但是，静下心来想想，我真的没时间吗？

我真的忙得每周抽几个小时去健身房锻炼，每天抽两

个小时静静地坐在电脑前安安心心地写作都不行吗？我真的忙得跟名企 CEO 似的，连坐下来喝杯咖啡的时间都没有吗？

如果说我真的很忙，那到底又在忙些什么呢？我想了半个小时，最后也没想明白自己到底在忙些什么。

工作量大？真算不上。满打满算，可能比以前在新闻媒体工作的时候还轻松。时间很少？其实，我跟名企 CEO 没什么两样，每天都是二十四个小时。

工作效率低？也不见得。很多要求在规定时间内完成的工作，我都会准时完成。

这些实在让我没办法从主客观上找到充分的理由，那到底是因为什么，我竟然会觉得自己太忙了，以至于没有一点多余的时间去做一些其他的事情？

一位朋友曾说过：只有身患绝症行将就木的人才有资格说没时间，你是吗？

听他这么一说，我茅塞顿开。

（2）

懒！

这是一位朋友对我的困惑直接给出的诊断，听着似乎有些道理。

但扪心自问，我真的不是个懒人！我做事就跟小蜜蜂似的，勤勤恳恳，兢兢业业——上到洗衣做饭拖地，下到早早起床练摊做生意，凌晨熬夜读书写小说，没有一样不是尽心尽力、争分夺秒去做的。

我早上六点起床，晚上十二点睡觉，中午有时间了才休息一个小时。除了做生意、吃饭、人有三急、睡觉之外，我把所有的时间都用在了读书和写作上，只有偶尔看看电影放松一下。

我觉得自己勤奋得都快把自己感动了，所以我觉得自己很忙，忙得没时间健身，没时间旅行，没时间陪家人，没时间发呆。

只不过很忙的我却似乎没忙出个什么名堂来，什么事也做不成。起床又睡觉，一天就过去了，我甚至都不知道一天是怎么过没的。

整天上蹦下跳席不暇暖的朋友Y经常感叹：太忙了，什么事也做不成。

这话听起来特别矛盾：太忙，说明你在做事，既然忙成这样，没理由什么事也做不成。但他说这话的时候一点也不矫情，甚至是带着切肤之痛的感叹，绝对的肺腑之言。

我不知道别人有没有这样的感觉，但对于我来说，这话是让我能够感同身受的。

我总觉得自己忙得快累死了，恨不能立马化身八爪鱼多长几只手出来，因为每天总有接二连三的事情要去做，就像一个人面对着一群嗷嗷待哺的婴儿一样——这个饿哭了，那个拉哭了，这个刚睡下，那个又醒了。有时候甚至一起吵闹，让你有一种手忙脚乱身心俱疲的感觉。

事情永远也做不完，想做的事情总是没时间去做，一眨眼一天又过去了。

（3）

前段时间看《苏东坡传》，不禁感叹苏东坡真是太厉害了，不知道他哪来的那么多时间，竟然把自己变成了全才，在很多领域所取得的建树都是大师级别的：诗词散文就不用说了，文学上的造诣是超凡入圣；书法更是不用多说，苏黄米蔡，宋代四大书法家之首；此外，他还是位画家，画墨竹的水平与他写诗词的功夫不相上下。

更重要的是，苏轼还喜欢旅游，这生活过得够潇洒。

如此成就，一般人能做到一二便足以光宗耀祖。但这么多林林总总不可思议的成就，苏东坡全都做到了，并且看起来是如此的轻描淡写，实在令人叹服。

其实，不光是苏东坡，那些取得非凡成就的人，哪一个不是这样？他们似乎轻轻松松就能把一件事做得足够出色——但是，就算他们天赋绝伦，这些事情也得一件一件脚踏实地地去做。

有人说，你只有足够努力，才能看起来毫不费力。这话我信，那么一个问题来了：为什么那些特别杰出、特别忙碌的人，反而似乎特别有时间呢？比如，王石平时的工作那么忙，还钟爱于户外运动；马云的工作量更不用说了，他还经常参加慈善活动、演讲节目。

（4）

最近，在朋友圈里看到一篇文章，题目是《为什么越忙的人越有时间锻炼》，文章列举了一些社会精英热爱健身运动的事例，并且分析了三点原因：

第一点是，这些人认识到了健康的重要性，在优先级上把健康放在了最前面；第二点是，他们的时间管理效率比较高，能有效执行自己的计划；第三点是，他们在健身的过程中发现了独特的乐趣。

这里说说唐太宗，他是中国历史上发展比较全面的皇帝之一，其文治武功被世人称颂。他还特别喜欢书法，诗文也写得很不错，他说："吾以万机之暇，游嬉文艺！"

这说明，唐太宗也是有时间的，他不仅有时间写诗作画练书法，甚至还有时间打猎、踢球。连忙于朝政的皇帝都有时间，我们怎么会没有呢？

其实，我也曾有过一段特别有收获的日子。那是 2010 年前后，我刚刚参加工作，又学摄影又学驾照又经常出差，去西藏、青海、广州、海南，出差之余还要写工作稿件。

我甚至为自己的工作效率感到惊讶——因为在出色完成工作任务的同时，我竟然还写了一部近三十万字的长篇小说。

现在总结起来，原因有三点：一是被工作推动，该做的就得去做；二是我在工作中充满了激情，在写作中也能够找到乐趣；三是这些工作总是在交叉进行，我并不觉得自己很疲惫。

拼搏让人有精神，应付才会使人疲于奔命；努力令人振奋，碌碌无为才会让人困惑。所以，那些碌碌无为的人总觉得自己一直在忙，而真正忙的人都在锻炼、看书和享受生活——那些在我们看来特别享受的事情，对他们来说可能就是工作的一部分；而那些在我们看来无比痛苦的工作，对他们来说可能也是充满乐趣的放松方式之一。

当然，排除心态上的自我调节之外，那些瞎忙如我辈者，关键问题在于，我们根本不懂得如何有效地管理自己。或者说，我们根本就管理不了自己。

我们的人生一直信马由缰，偶尔警觉，但始终无法做到自我约束。

（5）

我们经常碰到一个词——管理。读书时，老师管；工作时，领导管。管得好，井井有条；管不好，乱七八糟。管理，是集体最重要的核心之一。

那么，对个人而言呢？我觉得，管理的最高境界是实现自我管理。

每个人的时间和精力都是有限的，哪怕天才如爱迪生，他一天也只有二十四个小时，但他知道如何在有效的时间内做最有效的事，不让自己瞎忙，把每一件事都落在点子上，执行个八九不离十。这样的人，一定不会感觉手忙脚乱。

那些总是说自己没时间，觉得自己忙得脚不沾地的人，其实是不会管理自己的人。他们做事情基本上都是毫无头绪，一团乱麻。他们分不清问题的主次，抓不住工作的重心，所有的事情都等堆到手边来才会接招。他们也不知道未雨绸缪、防患于未然，每一件事做得都很被动。

他们还是严重的拖延症患者，是执行力的懦夫。他们知道很多事情应该去做，但是因为没有紧迫感，所以，他们不慌不忙，一直拖到事情火烧眉毛才追悔莫及。

如果这不是一个人，而是一个集体，那么，这样的集体一定是不堪一击的！这就像一支军队，等到战火燃起了才想起应该先练兵；一支足球队，等到比赛已经正式开始了，才想起还没有好好训练；一个人，不能等到下雨了，才想起来应该去买伞。

我们每个人都不可能超然于社会之外，有很多事要处理，有很多责任要承担。在毫无自我管理的情况下去做事，就毫无战斗力可言，结果只会是：我太忙了，这也忙不过来，那也忙不过来，最终什么都做不了。

很多人都想当领导，一人之下万人之上，呼风唤雨，号令千军。其实，在我们的生命领域内，每个人都可以做自己的将帅，将自己管理好。

不同的是，有的人将自己管理得井井有条，成了人生赢家；而有的人则放任自己，就像放任良田荒草丛生，然后不断嗟叹命运的不公。所以，与其去想着怎样升官发财、一夜成名，不如想着如何把自己管理好。

一个能够把自己管理好的人，才有可能成为人生赢家，他所做的每一件事才会有意义。

如何在篮球场上找到乐趣，科比的回答很简单：不断战胜你想战胜的对手！

不断战胜自己，是人生最大的乐趣之一。如果你没有找到这个乐趣，而且对此还疲于应付，这只能说明你还没有学会管理自己，还没有找到让自己专注的方法，还没有扎进你所要从事的事业中去。

一个连自己都管理不好的人，时间对他而言是奢侈品。这样的人顶多算是过日子，更甚者只能说是混日子。

9. 过犹不及，要学会适可而止

一个持续进步的人，哪怕最终不能得偿所愿，但也绝不会一无所获。

（1）

几天前跟戴姑娘聊天，聊到最后，她感叹道："好多事情不是努力了就会有收获的。"

这句话本身没错，很多人似乎都有过这种感受：自己明明很努力、很勤奋，但就像不小心进入武侠小说中高手布下的迷阵一样，无论怎么走，永远都只是在兜圈子。

明明很努力，明明一直在身体力行，兢兢业业，一丝不苟，但就是没有收获。

俗话说，种瓜得瓜，种豆得豆。上帝不会辜负每一个努力的人，但是我漫山遍野地撒了花种，却连根狗尾巴草都没长出来，这怎么解释？那岂不是跟戴姑娘的感叹一样！

只不过，有些事情只是看起来无懈可击，说起来理直气壮，却并不代表真相。

看起来的勤奋没有得到应有的回报，那看起来的勤奋，就真的是勤奋吗？

（2）

几年前，朋友小许患上了焦虑症，医生给她的建议是练习书法，因为练习书法是一件很能磨砺人心性的事情。

从医院回来，小许就到文具店把笔墨纸砚买好，回到家就开始练习。她这一写就是三年，把《唐诗三百首》翻来覆去写了很多遍，《长恨歌》都快倒背如流了，但是明眼人一看她的字就知道——根本还没入门。

我曾经在书法学校做过半年助教，亲眼看着那些零基础的小孩子学习几个月后能把《多宝塔碑》临摹得像模像样，甚至有的参加全国性比赛还拿了奖。

小许写字很勤奋，每天至少写一个小时。按理说，十年磨一剑，寒光出鞘，削铁如泥——三年了，怎么说也应该有些皮毛了，但事实完全不是这样。

很奇怪吗？不奇怪！有很多人写了一辈子的字，但落笔下去就像春蚓秋蛇。这充分说明了一个问题：写得多，写得勤快，并不意味着就能把字写好。

小许的勤奋只是习惯性的动作，是低水平的重复，是无效的勤奋——她没有抓住勤奋的本质。

行动只是勤奋的外在表现形式，但真实的勤奋是除了去做，还要不断想着去突破，想着去超越，想着明天一定要比今天好。

据说，每次比赛时把绝杀球投丢了，科比都会留下来练习——在相同的地方用相同的动作不断练习，一直到投进一百次为止。这就是科比式的勤奋。

驴子拉磨盘，即使天天做也没有谁会说它勤奋，最多叫勤劳。

所以，勤劳和勤奋的区别在于，勤劳可以是不停地进行重复性劳动，就像车间流水线生产一样。勤奋是在劳动的同时奋发图强，开拓进取，不断进步。

勤奋的目的不是重复，是进取。

我父亲种了几十年的田，他是大家公认的勤劳的人，但每年的收成只能解决温饱问题。因为，他的勤劳是在不断重复相同的事，春去秋来，年复一年。他从来没去想过，稻田除了种水稻，能不能试着种豆类，能不能种药材。

一个人一旦进入低水平重复状态，那可能就成了他这一辈子发展的桎梏。哪怕他自我感觉很勤奋，却无法提升到新的层面上来。

（3）

按一辈子快门的人，未必会成为摄影师；写一辈子文章的人，很多成不了作家；在公园打十年太极拳，与功夫可能毫无关系。因为，这些都不是正确的勤奋。一个人如果不在正确的轨道上，越勤奋，只会越疲惫；越疲惫，心态就会越失衡。

正确的勤奋方式，必须是日新月异、不断超越的。你必须看到自己的进步，看到自己与过去的区别——看到胜利的曙光离你越来越近。

从这个意义上讲，低水平重复的勤奋，实质上是懦弱与懒惰——怕去挑战未知，懒得开拓进取，一直待在熟悉的地方，安全地做着同样的事。这是最无聊的勤奋，也是最悲哀的努力，更是最无耻的抱怨和无能的体现。

这样的人最可怜，他们总是觉得自己比他人付出得多，总是觉得社会对自己不公平，弄不好还会责怪他人懒惰——殊不知，自己才是真正的懒鬼！

那么，如何让自己摆脱低水平的桎梏，让努力有迹可循，天天向上，未来可期呢？

几年前，我在外出工作的时候认识了一位摄影师朋友，他是南方某报的首席摄影师。我跟他交流的时候，他说："学摄影根本不是玩相机，就像学画画一样，不能说仅仅是会使用水彩笔和颜料。摄影是构图，是哲学，是文学，是审美，是趣味，而这些是相机之外的东西。"

他建议我，如果想学习摄影，首先要熟悉相机的功能，这是第一步。多看那些伟大的摄影师的作品，多看哲学理论著作，多思考自己想要拍出什么样的作品——每一次都要在思想的指导下去按快门。

我觉得，他在无意中说出了有效努力的核心，那就是——我们得带着脑袋去行动。

（4）

勤奋是美妙的，每一个渴望功成名就的年轻人，必须让自己的勤奋有效起来，必须摆脱做无用功的魔咒。

思想永远是行动的指挥棒，你如果都不明白自己想要什么，那么，你所有的努力都是瞎折腾！

当你的努力沦为低水平重复，其实你已经是那只拉磨的驴子，在习惯性地维持现状，纵使花再多的时间，你都不会有进步。

既然你的勤奋已经与进步无关，那你又有什么资格期盼成功呢？

事实上，奋斗是世界上最美妙的体验，如果没有这样的感受，那么，你的努力和奋斗可能已经钻进牛角尖里了。

一个人可以拼命地去做一件事，但如果想要做得完美，取得很大的成功，光有毅力是不够的，你还必须从中找到乐趣。

我特别喜欢一句话叫：穷其一生的乐趣。乔布斯说，他从来没想过赚多少钱，他只是想尽最大的努力将自己喜欢的工作做到最好，至于钱，是自然而然到来的。纯粹为奋斗而奋斗、为努力而努力的人，很难经得起考验。

奋斗是一场持久战，不能一意孤行。你的心中必须有人陪伴，那个人可以是你倾慕的先贤，也可以是身边你向往的榜样。简单地说，你必须有参照对象——以他为镜，可以知己长短。总之，你得找一个优秀的人跟自己进行比较，那样你才能知道自己需要在哪些地方取得突破。

刀之所以快，因为有磨石；天空之所以蔚蓝，因为它对映着占地球面积 70% 的大海。我们想要进步，同样需要一个参照物。

学习是从模仿开始的。

学书法，你不临摹字帖，不知《兰亭集序》，未闻张旭、怀素，没见过魏碑，你怎么练习都只是写字；学习武术，你不拜师入门，没有进行系统训练，不知一招一式，再怎么折腾你都只是在练习肌肉和体力，与功夫无关。

没有参照，就谈不上学习，不学习就不会进步，不进步就只能低水平重复，勤奋也就失去了意义。比如，达·芬奇画鸡蛋，是照着鸡蛋在画，而不是闷着脑袋、闭着眼睛在纸上画圈。

最后，我们必须学会总结和反思。如果你想当自由撰稿人，投稿没被录用，你必须弄明白失败在哪里；如果你是学生，做错题目不要紧，关键是过后你必须弄清楚应该怎么做才是正确的。不然，你所有的经历都只是浮光掠影，走马观花，形不成经验——没有经验，你就永远是只菜鸟！

蜗牛一天也能挪动十米，但你十年原地踏步，永远到不了罗马。社会衡量一个人或者回报一个人的标准，从来都不是勤奋与否，而在于是否有进步。因为，前者最多算是过程，后者才是结果。

我相信天道酬勤是永恒不变的真理，但进步比勤奋更重要。没有进步的勤奋，是没有资格索取回报的。一个持续进步的人，哪怕最终不能得偿所愿，但也绝不会一无所获。

10. 心中有原则，才不至于方寸尽失

> 只愿我们，不管自己的天赋如何、处境怎样，
> 贫困还是富有，疾病还是健康，都能守住心灵的
> 纯净、家庭的温暖和良知的美好。

（1）

今年春节，我和几个同学拜访了一位高中老师。

学生拜访老师，话题总是离不开曾经的同学趣事。距离高中毕业已经十余年，同学们早已成家立业，他们现在的发展状况当然也是老师最关心的了。交谈中，我们说到一位李姓同学。老师听到他的名字，感叹一声："那是个很糟糕的学生。"

我们当中有一个同学说："老师，说来你不信，李同学现在可能是咱们班学生中混得最好的。"

老师笑了笑，没有说什么，但我从他的神色中可以看出来，他似乎有话要说。

我觉得在老师眼中，每一个学生都是平等的，他们都具备无限的可能。作为老师，应该做到有教无类，平等地去对待每一个学生，不管他学习好还是学习差。毕竟，人都是有差异的，我们不能要求每个人都善于学习，都能考上好大学。所以，当老师将"糟糕"二字放在一个学生身上的时候，这令我难以接受。

社会常识早就告诉我们，永远不要去定义一个人，因为他的未来你无法预料。

几天前，我在网上看了一个短片，那是一场同学聚会，曾经的差生成了亿万富豪，曾经的优等生只是普通的上班族，甚至还在为孩子上学的事情四处托人找关系。

短片的意思很明显，尖锐地指向了差生与优等生这个对立性的话题：社会不同于学校，不是你学习好就能在社会上也混得好。

看完短片，我不禁自问：那些赚了钱的同学，就是真正成功的吗？

短片中，那几个差生成了富豪，穿着奢华，身边有美女簇拥，对人吆五喝六的。而那个曾经的优等生，戴着眼镜，样子斯文，对人彬彬有礼，处事不失分寸。虽然优等生经济条件一般，没钱没势，但他就失败了吗？

如果这样定义，这跟我们一直所批判的大家喜欢区别优等生与差生的行为又有什么不同呢？绕了一圈，愤愤不平的批评家又绕了回去，用同样的逻辑来评判人或事，只不过把学校的小圈子换成了社会的大舞台而已。

曾经，我们以学习成绩的好坏定义他们；如今，我们以是否能赚到钱来定义他们。

（2）

我和李同学早已没有了联系，从其他同学那里得知，他确实混得不错。

高考那年，李同学甚至没有达到本科分数线。复读一年后，他去了南方某所大专院校读书。大学毕业后，他没找到合适的工作，就在当地打工。

我不知道其中的曲折，只知道他后来做服装生意，又做餐饮，然后开连锁店，最后开了高档酒店。

短短十年时间，有的选择继续深造的同学才刚刚博士毕业，而李同学已经赚得盆盈钵满。单纯从赚钱的角度去看，他确实是混得最好的。

一提到李同学，其他同学都满脸的羡慕——没想到当时是老师眼中特别糟糕的学生，一个曾经被大家瞧不起的同学，现在赚了大钱，买了大房子和豪车。在大家看来，他无疑是成功人士。

我又想起老师欲言又止的表情，不禁自问：那些糟糕的学生都成功了吗？

我想，未必。如果仅从赚钱的角度去看，确实存在一些特别励志的事实——老师眼中那些所谓的差生，到了社会上都混得如鱼得水。

不可否认，那些所谓的糟糕学生，步入社会后往往顾虑少，胆子大，在机会面前比好学生敢于下手。所以，他们中的某些人确实可能迅速积累起巨大的财富走上人生巅峰，成为我们眼中所谓的成功人士。

但如果就此下结论，未免太过于狭隘——成功直接等于金钱，想必大家也不会同意。

据我观察，曾经那些糟糕的学生有钱后缺乏自我约束、自我规划，在婚姻家庭方面也缺乏责任感和使命感，搞婚外情的屡见不鲜。

就拿我所知道的一个马姓同学来说，他确实很有钱，但到现在为止，他已经结过三次婚了——虽然他没有读过一部完整的法律法规，却对婚姻法、离异夫妻财产分割倒是特别熟悉，甚至称得上专家。

他成功了吗？如果一个人除了金钱之外在其他方面一塌糊涂，未必不是失败！并且，谁又知道他坐拥的金山银海是怎么来的？这话虽然尖锐，却也深刻——我们不能仅仅针对他现在所拥有的一切，就定义他是成功的典范、学习的榜样、奋斗的楷模。

一个人的成功，除了有足够的物质财富，他还应该能够踏实、舒心地享受这一切。并且，他还应该有一个完整圆满的家庭，有人跟他分享这一切的喜悦和忧伤。因为，孤独的魔鬼永远不配谈成功。

退一万步来说，哪怕这些人可以定义为成功人士，那也绝不等同于人生赢家，毕竟，成功不等于幸福。而一个人如果不幸福，那才是最彻底的失败。

（3）

后来，在电话中我跟老师又聊到了这个话题，老师的说法与我所想的大致相同。

老师解释，为什么他会说李同学是一个糟糕的学生。学习差的学生未必是坏学生，学习好的学生也未必就是好学生——一个学生的好与坏，无关学习，而是他应该有责任感，有正义感，有美好的道德情操，有自由的精神和对美好生活的向往，善良孝顺，懂得是非爱憎。

至于赚钱或者做学问，那是个人天赋的问题，未必每个人都能做得好。一个冷酷无情的毒枭不是好人，同样，一个凶残恶毒的高才生也不能称为好学生。所以，学习只是评价一个人很小的一个方面。

李同学在校期间成绩糟糕不说，品性也十分恶劣，没有丝毫的责任感与集体荣誉感——曾经因为惹是生非被叫了家长，他竟然当着老师的面骂自己的父亲多管闲事。

是的，今天的他确实赚到钱了，但这样的人永远也不值得我们羡慕。

我眼中的成功学生，当然包括升官发财的学生，也包括那些虽然做着平凡的工作，却兢兢业业、精打细算过日子的学生。

学习成绩差，却当了老板或升职加薪了的同学，他们是励志的榜样，让我们看到了一个人更多的可能性；而学习成绩好，现在却做着平凡工作的学生，能够靠自己经营着小家庭的幸福，也让我们看到了生活中更多的可能性。

是的，他们后期形形色色的发展告诉我们，成功的标准不是只有一个。

富可敌国未必是成功，养家糊口也未必是失败。我们可以批评一个人为人处事的方法，批评他没道德、没操守、没良心，却不能批评他的不堪现状，以物质的匮乏定义他人生的失败。

赚了大钱的坏同学，我们不必去羡慕；精打细算过日子的穷同学，我们也不必瞧不起。人生很短也很长，一个人的活法也可以多种多样。只愿我们，不管自己的天赋如何、处境怎样，贫困还是富有，疾病还是健康，都能守住心灵的纯净、良知的美好和家庭的温暖。

成功的标准可能有很多种，唯有心中富足，岁月安好，才是人生赢家。